IMPRESS NextPublishing　OnDeck Books

Macintosh
思い出のソフトウェア図鑑

松田純一＝著

今よみがえる、名作の数々！

インプレス

JN206654

はじめに

　AppleのMacintoshというパソコンに魅せられた方々は決してそのハードウェアだけに注視していたわけではないはずです。GUI操作の簡便さ、わかりやすさとあいまって小さなモノクロ9インチモニターの世界に広がる幾多の眩いばかりのソフトウェアたちが存在したからこそのMacintoshであったと思います。

　それがゲームであれ音楽のソフトウェアであれ、あるいはグラフィックのソフトウェアであれ、Macintoshのモニターに広がる空間はそれまで体験したこともないとてつもなく魅力的な世界でした。

　しかしソフトウェア製品は日進月歩の時代においてハードウェアと比較しても頻繁にバージョンアップがなされますし、新しいプロダクトも次々と登場します。為に古いバージョン、ハードウェアに適合しなくなったソフトウェアは一般的には即ゴミ箱行きだと思います。しかし、ハードウェアが古くなってもコレクションの対象になると同様にソフトウェアもその時代、その時代を飾るテクノロジーとアイデアの結実したものだったはずです。

　ソフトウェアの魅力に取り憑かれた筆者は、数多くの製品を求め、米国から直接取り寄せたりもしました。そして、ソフトウェア指向のビジネスをしていた関係もあり、パッケージはともかく手にした多くのソフトウェアの記録を保存していました。

　今般それらを元に、Macintosh誕生から10年ほどの間に登場したものを一堂に集めてご紹介したいと思います。本書でとりあげたソフトウェアはすべて、程度はともかく、自分のMacintoshにインストールし、起

動したものです。また、すべての写真・図版は筆者自身が撮影しました。

　すでにネット検索してもヒットしない製品も多くなりましたが、懐かしいソフト、思い出深いソフト、あるいは知らなかったけれど使ってみたかったと思われるソフトウェアたちと再会してください。
　もちろん世の中に登場したすべての製品を網羅できているわけではありませんが、貴方のお気に入りだった製品がきっと見つかるはずです。

2024年9月　松田純一

※ご紹介するソフトウェアは販売された製品でありパブリックドメインやフリーソフトは含んでいません。なお製品名と共にフロッピーラベルなどからパブリッシャー名およびリリース年を記すよう努力しましたが目安とお考えください。また一部不明のアイテムも存在します。
なお製品情報に関しては正確性を記したことはもちろんですがすべては筆者が実際に体験した個人的な感想を元にしています。誤認もあるかと思いますが遠い昔の記憶違いとしてお許しください。

※各ソフトウェア名はそれぞれ各社の商標あるいは登録商標の場合があります。

目次

はじめに ·· 2

1984年のリリースより ·· 13

MacPaint ··· 13

ThunderScan ··· 15

Alice～Through the Looking Glass ································· 17

ConcertWare+ ·· 19

MAGIC SLATE ··· 20

MacDialer（MacPhone） ·· 22

Accessory Pak1 ··· 23

Microsoft BASIC ·· 24

PsionCHESS ·· 25

ThinkTank512 ··· 27

SmoothTalker ··· 28

THE Desk Organizer ··· 29

SOFTLETTERS ··· 31

500 Menu Patterns ·· 32

MacBILLBOARD ·· 33

MAC MEMORY DISK ··· 34

ColorPrint ··· 35

Copy II Mac ·· 37

1985年のリリースより ……………………………………………………… 39

  SuperPaint …………………………………………………………… 39

  PictureBASE ………………………………………………………… 41

  VideoWorks…………………………………………………………… 42

  FullPaint ……………………………………………………………… 44

  RACTER ……………………………………………………………… 46

  MIGHTY Mac………………………………………………………… 47

  MacNudes …………………………………………………………… 48

  Silicon Press ………………………………………………………… 49

  myDiskLabeler……………………………………………………… 50

  CalenderMaker ……………………………………………………… 52

  ReadySetGo ………………………………………………………… 53

  Balance of Power…………………………………………………… 55

  MDCII ………………………………………………………………… 56

  MacQwerty …………………………………………………………… 57

  Icon Switcher………………………………………………………… 59

  Easy 3D ……………………………………………………………… 60

  MacInooga Choo-Choo ……………………………………………… 61

  インスタント漢字 …………………………………………………… 62

1986年のリリースより …… 65

DrawArt …… 65

MacMOVIES …… 66

CricketDRAW …… 67

Mac書道 …… 69

Microsoft Works …… 71

SHANGHAI …… 72

電脳絵巻 …… 73

GrayPaint …… 75

MacScan …… 76

SoundCap …… 77

The Print Shop …… 78

MacOffice …… 79

KidsTime …… 80

Acta …… 82

DeskScene …… 83

Calculator Constraction Set …… 84

StudioSession …… 85

1987年のリリースより ·· 87

   Cat・Mac ··· 87

   PixelPaint ·· 88

   EGTalk ··· 90

   Illustrator ·· 91

   Swivel 3D ·· 92

   Sensible Grammar ···································· 93

   JAM SESSION ··· 95

   MacGraphics（2.0） ·································· 96

   SoundEdit ·· 97

   COLOR MOVIES DISK ······························ 99

   RECORD HOLDER Plus ····························· 100

   Modern Artist ··· 102

   ARKANOID ·· 103

   DeskPaint ·· 104

   CrystalPaint ··· 105

   電脳手帖 ·· 107

   Quickeys ··· 108

   PYRO! ·· 109

   EGBook ·· 111

   Idea Driver ·· 112

   Autosave ··· 113

1988年のリリースより 114

Color Magician 114

TrueBASIC 116

DIGITAL DARKROOM 117

MORE II 119

MacWrite 120

TurboJip 121

Lightspeed C 122

PHOTON Paint 124

Shufflepuck Cafe 125

MindWrite 126

Drawing Table 127

Microsoft QuickBASIC 129

PhotoMac 130

Mac VJE 132

Cricket PAINT 133

Studio/8 134

Sun Clock 136

TURBO LINER 137

VOYAGER 138

NumberMaze 139

Hyper Animator 140

KeyMaster 142

Studio/1 143

Test Pattern Generator 144

1989年のリリースより ………………………………………………………… 145

  STRATA VISION 3d ………………………………………………… 145

  Print Magician II …………………………………………………… 146

  SimCity ……………………………………………………………… 148

  SPECULAR LOGO motion ………………………………………… 149

  ULTRA PAINT ……………………………………………………… 151

  multi-Ad Creator …………………………………………………… 153

  PixelPaint Professional …………………………………………… 154

  ByWord ……………………………………………………………… 156

  NuPaint ……………………………………………………………… 157

  SuperCard …………………………………………………………… 158

  MacKern ……………………………………………………………… 159

  TypeStyler …………………………………………………………… 160

  PLUS ………………………………………………………………… 162

1990年のリリースより ……………………………………… 164

Ray Dream Designer ………………………………………… 164

Norton Utilities ……………………………………………… 165

マックライト II ……………………………………………… 166

TESSERAE …………………………………………………… 168

VIDEO PAINT ………………………………………………… 169

Color MacCheese …………………………………………… 171

STUDIO/32 …………………………………………………… 173

Video Magician II …………………………………………… 174

ENVISION …………………………………………………… 176

Photoshop …………………………………………………… 177

AmazingPaint ………………………………………………… 179

MacLabelPro ………………………………………………… 180

MicroTV ……………………………………………………… 181

Professinal FP ……………………………………………… 183

After Dark …………………………………………………… 184

1991年のリリースより ……………………………………… 186

magic ………………………………………………………… 186

Color It! ……………………………………………………… 188

Vbox Control XCMD ………………………………………… 189

Expert Color Paint …………………………………………… 191

Adobe Premiere ……………………………………………… 193

たまづさ ……………………………………………………… 195

FilmMaker …………………………………………………… 196

Painter ………………………………………………………… 198

1992年のリリースより ……………………………………………………… 201
 DiVA VIDEO Shop …………………………………………………… 201
 KPT Grime Layer……………………………………………………… 202
 Voyager II……………………………………………………………… 204
 MORPH ………………………………………………………………… 205
 VideoFusion …………………………………………………………… 206
 PLAYMATION………………………………………………………… 208
 IMAGE ASSISTANT ………………………………………………… 209
 TREE …………………………………………………………………… 211

1993年のリリースより ……………………………………………………… 213
 collage ………………………………………………………………… 213
 The Print Shop Deluxe………………………………………………… 215
 Scenery Animator ……………………………………………………… 216

1994年のリリースより ……………………………………………………… 219
 Bryce …………………………………………………………………… 219

 付録・Macintosh Historical overview …………………………………… 221

1984年のリリースより

MacPaint

発売元 ▶ Apple Computer

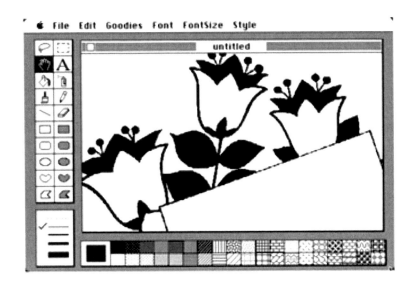

　いわずと知れた1984年に登場した初代MacintoshにMacWriteという英文ワープロソフトと共にバンドルされたモノクログラフィックソフト。
　「MacPaint」は描写ウインドウは1枚のみで位置も固定だった。もちろんメニュー表示も英語でしかなかった。MacPaintはQuickDrawなどMacintoshの重要なシステムソフトウェアやHyperCardも開発したあのビル・アトキンソン氏の作品であり、現在まで綿々と続いているペイン

ト系グラフィックソフトの概念を決定づけたソフトウェアである。

MacPaintはMacの思想を最も的確にユーザーに知らしめる役目を担った。何しろMac本体が登場しても他に使えるソフトウェアなどなかなか手に入らなかったしそれ以前にLisaがあったものの、事実上MacPaintにより私たちはプルダウンメニューやマウスオペレーションの魅力を体現したわけだ……。

また人間工学的に考えれば必然だというかも知れないが、例えば現在多くのグラフィックソフトに見られる画面レイアウト、すなわちツールボックスの位置や基本的なアイコンデザインまでもがこの当時のMacPaintに影響されている。

またWYSIWYG（What You See Is What You Get）すなわち画面に表示したままの大きさ形をそのまま専用のドット・インパクト・プリンタ（ImageWriter）で印刷できることがいかに凄いことだったか当時の我々は思い知らされたものだ。何しろ国産のパソコンはもちろん、ほとんどのパソコンでは真円を描いても画面では楕円形としか表示できなかったのだから……。

しかしMacを使っていた我々は、例えば封筒に印刷したい場合にそこに印刷するデザインを画面上に描いた後、よく実物の封筒を小さな9インチのモニタに押しつけて寸法の確認をしたものだった……。

さらに自分の手の延長のようにスムーズに動くワン・ボタンのマウスで描いた絵とキーボードから入力するテキスト（日本語は使えなかった）が画面上でまったく同じに扱われ、それらが消しゴムでゴシゴシと消せるあの感覚に我々は大きなカルチャーショックを受けたものだった。

MacPaintはその後、CLARIS社に移りバージョンも2.0となったが、すでにその勢いは衰えていた。

ThunderScan

発売元 ▶ Thunderware, Inc.

　「ThunderScan」はMacintoshのシステムソフトウェアの開発にも大きく貢献したプログラマ、アンディ・ハーツフェルドが開発したスキャニング・ソフトウェア。

　ThunderScanは専用のハードウェアとソフトウェアで構成されていた。ハードウェアはMacintosh純正プリンタImageWriterのプリンタリボンカセットと同じ形状をしている。そのスキャナ本体をまさしくプリンタのリボンカセットの位置にセットし、読み込みをしたい原稿をプリントする要領でプリンタにセットする。するとそのヘッドに位置したセンサーが原稿をドット単位で読み込み、用紙を送りながら最大A4判まで

のエリアをスキャニングすることができた。

　モノクロ専用そしてスキャニングに相応の時間もかかったが、当時は一番手軽でクオリティの高い取り込みができるシステムだった。ただし初期のThunderScanハードウェアは大変アバウトな構造で、原稿とセンサーとの距離をダイアルで可変できたものの、試しにハードの内部を覗いてみたときには驚いた。なぜならセンサーは単に輪ゴム数本で引っ張られているだけだったからだ（笑）。

　ThunderScanシステムはまさしくアイデアとソフトウェアの完成度の高さで評価された製品だったといえよう。個人的には最初米国から直接個人輸入したが製品の具合が悪かったのでその後国内のショップから買い直した思い出がある。

Alice～Through the Looking Glass

発売元 ▶ Apple Computer

　「Alice～Through the Looking Glass」はAppleの歴史上最初の純正ゲームとしてリリースされた製品で、後年iPodやiPhone用のApple純正ゲームが登場するまで長い間Apple唯一のゲームとして知られていた。

　Alice～Through the Looking Glassが貴重なのはそればかりではない。その第一印象は大変美しいパッケージだということだ。当時は今のようにダウンロード販売といった形態はなかったから基本的にどのようなソフトウェアも何らかのパッケージに包まれていたが、そうした中でもAlice～Through the Looking Glassは特別だった。

　そして作者がかつてAppleでLisaやMacのFinder、Newton OS開発などに貢献した著名なプログラマ、スティーブ・キャップスであるとい

1984年のリリースより

う点も注目された。

　無論"Through the Looking Glass"はルイス・キャロルの「鏡の国のアリス」の原題でありこのAlice〜Through the Looking GlassはMacintoshと同じ1984年1月24日に発表された。

　最後に、Through the Looking Glass起動時に表示する画面の最後の行が興味深い。そこには謝辞が述べられているが、その対象者らにはAndy、Bill、Bruce、Burrell、Larry、Patti、Steve……らの名が記されている。

　Macintosh開発チームの仲間だが、野暮を承知でフルネームで記せば、アンディ・ハーツフェルド（MacのToolBoxを開発）、ビル・アトキンソン（QuickDraw & MacPaint）、ブルース・ホーン（Finder担当）、ビュレル・カーバー・スミス（デジタル基盤設計）、ラリー・ケンヨン（ファイルシステムならびにブートコード担当）、パティ・キング（ソフトウェアライブラリ管理）そしてスティーブ・ジョブズ（Mac開発部隊のジェネラルマネージャ）らと思われる。

　凄い人たちがずらりと並んでいる……。

ConcertWare+

発売元 ▶ Great Wave Software

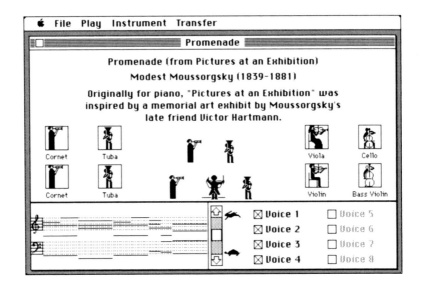

　Macintoshが登場してすぐにその優れた性能に気がつきそして実用機として使おうとした人たちの中にはミュージシャンたちが多かったようだ。だからというべきか、音楽系ソフトにはプロ用の製品もあるものの楽しめる製品も多々存在した。またAppleの開発者たちにはあのアラン・ケイやジェフ・ラスキンなどのように音楽というか楽器の演奏がプロフェッショナルな人たちが多かったのだから、そんな影響も関係しているのかも知れない。

　「ConcertWare+」という製品も初期の頃には大変Macintoshユーザーを楽しませてくれた部類の製品だった。実用というより「パーソナルコンピュータはこんなことまでできるんだ」という夢を正しく見させてくれた部類のソフトウェアである。

1984年のリリースより | 19

もちろん楽譜を記述しそれらのパートに楽器を割り当てて簡単に再生できるという機能は単に楽しむというだけでなくある種の実用だったことは確かだが、このConcertWare+で音楽を真剣に楽しんだ人は少ないだろう……。ただモニタをながめ、そこから出てくる多用な音色に耳を傾けているとMacintoshの未来を想像させる何かが感じられたものだ。

MAGIC SLATE

発売元 ▶ DEVIONICS

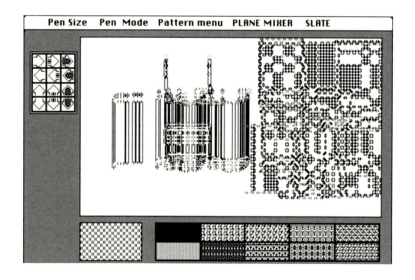

　「MAGIC SLATE」と聞いて「おお！」と思いあたることがある人は筋金入りのMacユーザーに違いない。
　ともあれこのMAGIC SLATEは当時としては珍しく他のMacintoshアプリケーションとはGUIも独特であり個性的なソフトだった。なぜならもともとMAGIC SLATEという名称はMacPaintやHyperCardを開発し

たプログラマ、ビル・アトキンソンが起案したプロジェクト名として知られていたからである。ただしアトキンソンが考えたMAGIC SLATEはソフトではなくハードウェアだった。これは高性能のフラットパネル・ディスプレイやペン入力、パケット通信や音声認識といったいわばアラン・ケイが考えたダイナ・ブックをもっと現実的な製品としてとらえたものだったが、残念なことに当時はまだまだそれらを実現するハードウェア技術が存在しなかったため起案されただけに終わった。いまで言うところのiPadみたいなものだった……。

　ということで当該ソフトウェアはビル・アトキンソンとは関係のない別製品だが、私などはその製品名だけでこのソフトウェアを購入してしまった一人ではある（笑）。

　前置きが長くなったが、肝心のソフトウェア製品のMAGIC SLATEは一般のグラフィックソフトとは一線を画した製品であった。なぜならこのソフト上で具象的な絵を描くというよりすでに描いた絵を様々なエフェクト機能により変化させるためのものであるからだ。もっといえば偶然に生まれたエフェクトの結果を楽しむためのソフトウェアだともいえるかも知れない。

　また当時のソフトウェアには珍しくそのGUI（グラフィカル・ユーザー・インターフェイス）は独自色が強いもので異色の製品だったといえよう。当時のMacintoshがモノクロであったこと、9インチのディスプレイであったこと、データがビットマップであったことなどから実用的な用途を考えることは難しかったものの画面に発せられる様々な意外性には随分と刺激を受け楽しませてもらったものである。

1984年のリリースより　21

MacDialer（MacPhone）

発売元 ▶ Williamsoft, Inc.

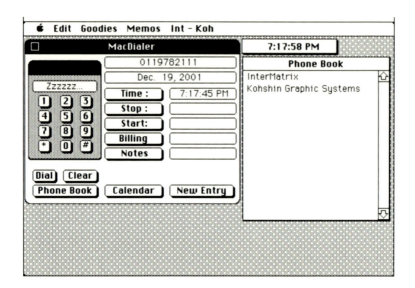

「MacPhone」は大変初期の頃にリリースされた製品である。

"TELEMANAGEMENT SYSTEM SOFTWARE" と題されている通り、製品は電話器としてのハードウェアと「MacDialer」というソフトウェアで構成されていた。

電話機はもちろん本物というか実際に電話をかけられる本式なものでカラーリングも Macintosh 128K と同一だったが Macintosh 本体の左右どちらかの側面にベルクロで固定する仕様だった。

それから電話器と Macintosh とはシリアルケーブルでモデムポートへ接続するが、受話器を外しプッシュボタンを押せばこれだけでも普通に電話をかけることができたが、電話帳を作成管理し Macintosh からマウスクリックひとつで目的の相手に電話をかけることができるのが MacDialer と

いうソフトウェアの役割だった。なおソフトウェアは Williamsoft, Inc. 製。

ところで私の Macintosh 128K にとって MacPhone は Apple 純正のプリンタである ImageWriter および外部フロッピーディスク・ドライブ以外では初めての周辺機器だっただけに大変思い出が深い製品だった。

Accessory Pak1

発売元 ▶ Silicon Beach Software

「Accessory Pak1」の主な機能は単位をセンチメートル、インチ、ピクセルのどれかに設定した後、1枚の絵を正確な寸法でカットするためのPaintCutterというソフトである。

また当時のシステムはメモリが小さなこともあり、DA（デスク・アクセサリ）と呼ぶアップルメニューの中に組み込まれる小さなアプリをメインのソフトと同時に使うようにできていた。

他にはCoordinatesというグラフィックをカットする際の単位を簡単

にセットする機能とそのON・OFF、QuickEjectという文字通り実行すると即ディスケットがイジェクトされる機能、MacPaint使用時に物差しを表示するRulersといったDAなどが含まれていた。

　ソフトウェア自体が急速に進歩する中で、結果としてこれらのユーティリティは製品寿命としては短命に終わったがそれらが示した機能の集合体として現在の多機能アプリケーションが存在することを忘れてはならない。

Microsoft BASIC

　発売元▶Microsoft Corporation

　コマンドを逐次解釈しながら実行するインタープリタ形式の開発言語としてBASICは8ビットパソコンの時代から根強い人気があった。

　Microsoftはもともと8ビットパソコンの時代にBASIC言語を製品化してその企業としての基礎を築いた会社であった。したがってMacintosh

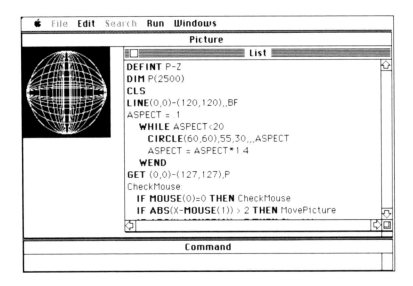

の登場後すぐ1984年にMacintosh用のMicrosoft BASICをリリースしたが1988年には発展形であるMicrosoft QuickBASICもリリースしている。

PsionCHESS

発売元 ▶ PSION LTD.

「PsionCHESS」はその名の通りチェスゲームである。Macintoshとプレーヤーとが対戦するだけでなく2人のプレーヤーや、MacintoshとMacintoshが対戦できるモードもある本格的なチェスゲームソフトだった。

私は残念ながらチェスのルールはよく知らないがチェスそのものは古代インドに発祥したゲームが起源だと聞いたことがある。そして15世紀に現行国際ルールが確立されたようだ。またIBMのチェス・コンピュータ、ディープ・ブルーが世界チャンピオンであるカスパロフを負かせたとしてニュースになったのは1997年のことである。いずれにしてもチェスは多くの国々で愛されている知的ゲームである。

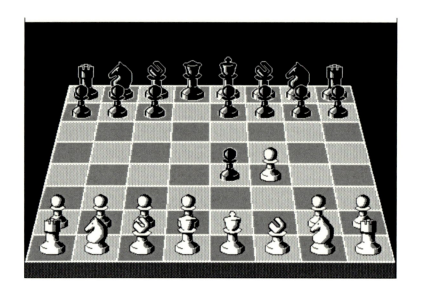

　さてPsionCHESSだがやはり国際的ゲームだという配慮からだろうが英語だけでなくフランス語、ドイツ語、イタリア語、スペイン後そしてスウェーデン語に対応している。そして待ち時間も2秒から4分までのゲームレベルを設定できるし何よりも一番の魅力は3次元表示の盤面と駒の美しさだった。いまではこうした3D表示など珍しくはないが当時はこれだけで話題になったものである。ただし局面を把握しながらの2D表示もできるなど至れり尽くせりの感があるチェスソフトウェアだ。
　ちなみに現在のMacには「チェス」というカラー版アプリがバンドルされているが、バンドルアプリの運命かあまり知られていないようでもある。
　ところで余談だがこのPsionCHESSの画面（英語モード）を見ていて思い出したのがビッグ・モロー主演のテレビ番組「コンバット」だ。無線で暗号名を呼び合うときに「チェックメイトキングツー……こちらホワイトロック」という場面が多々あるが、この暗号がチェス用語だと知ったのは随分と後になってからだった。しかし「ホワイトロック……」の

26 ｜ 1984年のリリースより

「ロック」は誤訳だとか……。

ThinkTank512

発売元▶ Living Videotext, Inc.

```
 File  Edit  Presentation  Reorganize  Cursor  Preferences

  +  Major League Baseball Teams
     +  Leagues and Divisions
        +  American League
        +  National League
     +  Sales Territories
        +  Mid-Atlantic
           -  Baltimore Orioles
           -  Boston Red Sox
           -  New York  Mets
           -  New York Yankees
           -  Philadelphia Phillies
        +  Eastern Great Lakes
           -  Cleveland Indians
           -  Toronto Blue Jays
           -  Montreal Expos
           -  Pittsburgh Pirates
           -  Cincinnati Reds
     +  Western Great Lakes
```

　Macが登場してから早々にリリースされた「ThinkTank512」は当時かなり話題になった。もちろん日本語がサポートされていない時代においてすぐには活用できなかったものの需要が見込めたためかこの種のソフトウェア製品はその後内外からもリリースされることになる。

　ThinkTank512は今でいうところのアウトライン・プロセッサという製品だがその名の通り、何かを企画する際に気がついたアイデア、断片的な考え方を随時入力しておけば後からいつでもマウスだけでそれらの階層を思う通りに入れ替えることができるという柔軟な設計が奇抜だった。すなわちThinkTank512は我々の思考過程を支援するソフトウェア

ということになる。

　その後ThinkTank512はそのアイデア・プロセッサというジャンルで一層の飛躍をしMOREというより機能を拡張した製品に進化することになる。

SmoothTalker

発売元 ▶ First Byte

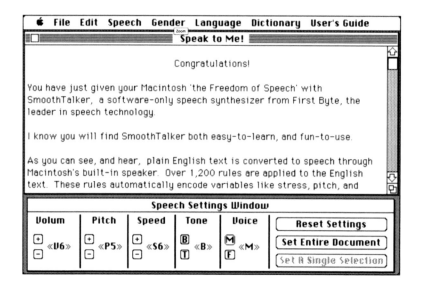

　いまでこそワープロやテキストエディタに入力した文字列を読み上げることなど特別のことではないし驚くユーザーもいないが1984年にFirst Byteからリリースされた「SmoothTalker」がリリースされた当時は大変期待された製品だった。

　SmoothTalkerはMacintoshが登場した1984年にすでに最初のバージョンがリリースされこの種のアプリケーションとしては最も古くそしてそ

の名を知られた製品だった。

あのスティーブ・ジョブズが1984年にMacintoshを発表した際、Macintoshに「……それでは大いなる誇りを持って紹介しましょう。僕にとっては父親のような人、スティーブ・ジョブズです」とスピーチさせたのもこのSmoothTalkerだったのかも知れない……。

そのSmoothTalkerは読み上げのボリュームはもちろん、ピッチ、スピードそして音質なども調整可能で独自の辞書を持っていたが現在の同種のものと比べるとそのスピーチ能力というかクオリティはかなり劣る。しかしそれは今だから言えることで当時はパソコンの未来を垣間見せられる思いをしたものだ。

THE Desk Organizer

発売元▶ Warner Software, Inc.

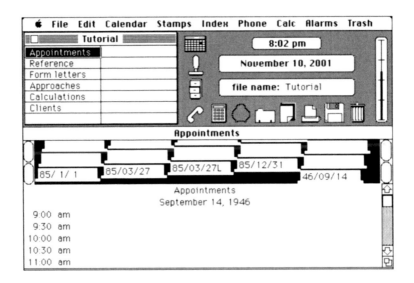

「THE Desk Organizer」は統合ソフト系のハシリの製品であり本当の意味でMacintoshがビジネスに利用できることを夢見た時代だった。したがってカレンダー機能はもとよりアポイントメントを管理するための機能やアラーム、計算機やドキュメントのファイリングを始めそれらの印刷や保存・消去などを運用する機能を持っている。

THE Desk Organizerの機能はアプリケーションを起動しその画面を見れば一目瞭然だろう。カレンダー、スタンプ、キャビネット、電話機、電卓、アラームなどなどといったアイコン類がずらっと並んでいるので何ができるのかは理解しやすいはずだ。

THE Desk Organizerはその名の通り、私たちが机上で行う一連の作業をMacintoshのデスクトップに置き換えようとするソフトウェアだった。しかし残念ながら現実のビジネス現場で使うには当時としてもあまりに力不足だったもののその責任はTHE Desk Organizerだけに負わせることは酷でもあろう。まだまだ当時のMacintoshにはその搭載メモリひとつをとっても、この種のアプリケーションを理想的な形で運用するには非力だったのだから……。

SOFTLETTERS

発売元 ▶ Artsci, Inc.

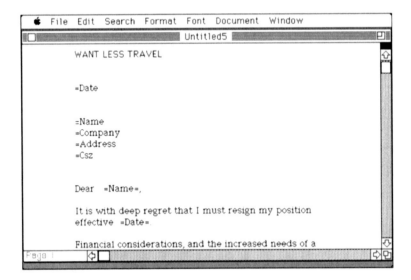

　「SOFTLETTERS」は、MacPaintのクリップアートならぬMacWriteで使ういわばビジネス文書のクリップテキスト(こんな命名はないけど)、いわゆる文例集というヤツである。
　それも後に市販されたような問いに答えていくととりあえず必要な文章を作ってくれるような高度な仕組みはなくただ単に例文が記してあり「=(項目名)」の箇所を必要な単語や名前に置き替えれば完成という至極シンプルでベーシックな文例集であった。

500 Menu Patterns

発売元 ▶ FingerTip Software

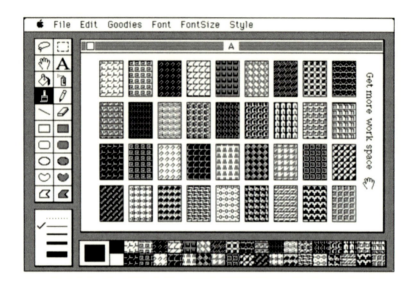

「500 Menu Patterns」を見た時「あっ……先を越された」と思った(笑)。

なぜならMacintoshを手に入れMacPaintであれこれと楽しんでいた時、私自身既存のパターンだけでは満足できず、いくつかのオリジナルなパターンを作っていたからだ。

モノクロで塗りつぶしの違いを表現するためMacPaintに採用されたこれらのパターンは最初からドット単位でユーザーが編集できるようになっていた。しかし何でもそうだが、できることと自分が行うことの間には常にギャップがあるものだ……。

500 Menu Patternsはその名の通りMacPaintファイルで作成された500もの違うパターンが用意されており、それらをMacPaintのパターンに置き換えて使うことができる。まあ、初期の頃はこうしたものも売り

物になったのだから面白い。

MacBILLBOARD

発売元 ▶ CE Software

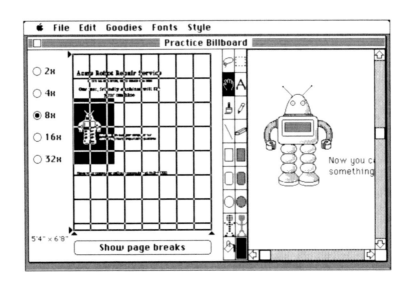

「MacBILLBOARD」はなかなかに実用度が高いアプリだった。これはドキュメントを指定の大きさに拡大印刷するユーティリティである。

MacBILLBOARDは最低限のペイント機能を持っているため別途グラフィックソフトで描いたドキュメントの簡単な修正やテキストの追加程度は十分できるのが便利。また印刷時の倍数を指定すると画面上で何枚の用紙で分割印刷できるのかをビジュアルに確認できる点も使いやすかった。

この種のソフトウェアは当時まだ日本語環境が整っていなかったこともあり、多くの優秀なアプリケーションを前にしても我々の日常では十

分活用できない部分も多かったが、このMacBILLBOARDなどは目的がはっきりした製品だったこともありかなり使い込んだ記憶がある。

またMacBILLBOARDとは別にバナーを印刷するためのMacBANNERというユーティリティも同梱されていた。

MAC MEMORY DISK

発売元▶ Accimilation Process

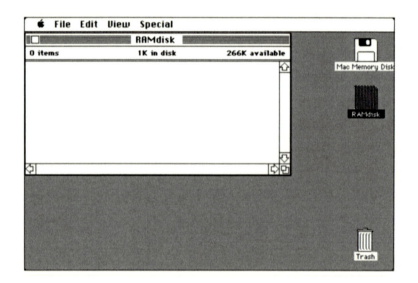

「MAC MEMORY DISK」はRAMディスクの設定が簡単にできるユーティリティ。その後コントロールパネルにあるメモリ設定ダイアログにおいてRAMディスクの設定が簡単にできるようになったものの最初期のMacintoshにはもちろんそのような洒落た機能などはなかった。

ただし当時の本体RAMは128 KBでしかなく、そもそもが実用的なRAM DISK空間を設定する容量がなかった。

ColorPrint

発売元 ▶ Esoft Enterprises

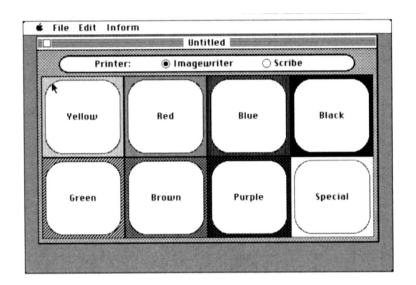

その名の通りColorPrintはカラー印刷のためのソフトウェアである。しかし昨今の恵まれた環境、すなわち安価で高画質なカラー印刷を実現できる世界からはほど遠かった当時の環境を説明しなければ話は前に進まない。

当時のMacintoshは当然モノクロ仕様だった。そしてそのイメージをプリントするプリンタもドット・インパクトタイプのImageWriterと呼ばれていたApple純正品のプリンタだった。すなわち本体にブラック1色のリボンを装着して印刷するタイプの製品だったが後になってImageWriter IIというデザインを一新したカラーリボンを使う製品も登場したがそれは先の話である。

ではImageWriterはブラック1色しか印刷できないかといえばそれは

正確ではない。ほとんどのユーザーは疑いもなくブラックのリボンを使っていたはずだが私などはそのリボンが国産のとあるメーカーのものと互換があることを知り、秋葉原を歩き回ってグリーンとかオレンジ色のリボンを見つけ、それらをImageWriterに装着することで単純なカラーリングを楽しんだものだ。

さらに評論家の紀田順一郎さんにいたってはシルバーとかゴールドのインクを海外から取り寄せて楽しまれていた。私もそれらのお相伴にあずかったが、いただいたシルバーとゴールドのインクリボンを宝物のように少しずつ使ったものだ。

ということでImageWriterというプリンタは基本的に単色の印刷しかできないがインクリボンを交換することでオレンジとかグリーンなどという印刷も可能であった。こうした理屈を応用したソフトウェアのひとつがこのColorPrintである。

要はカラー印刷する対象のグラフィックデータをマゼンタ、シアン、イエロー、そしてブラックの3版それぞれに適合するMacPaintファイルとして作成する。それらを最初にイエロー部分を印刷、そして用紙を正確に巻き戻し、次にはマゼンタ部分のデータを重ねて印刷するといった具合である。もちろんその際は色版に合わせたインクリボンを交換しながら作業を進めることになる。

ColorPrintはこうして1版を印刷し終わると用紙を巻き戻してインクリボンの交換を促すという仕組みでカラー印刷を実現するソフトウェアだった。

この手順で私はビデオカメラの前に3色フィルタ（セロファン）を置き、カラー写真を3版に分解して作りYMCのインクで重ね打ちするという方法を模索していた！

Copy II Mac

発売元▶ Central Point Software

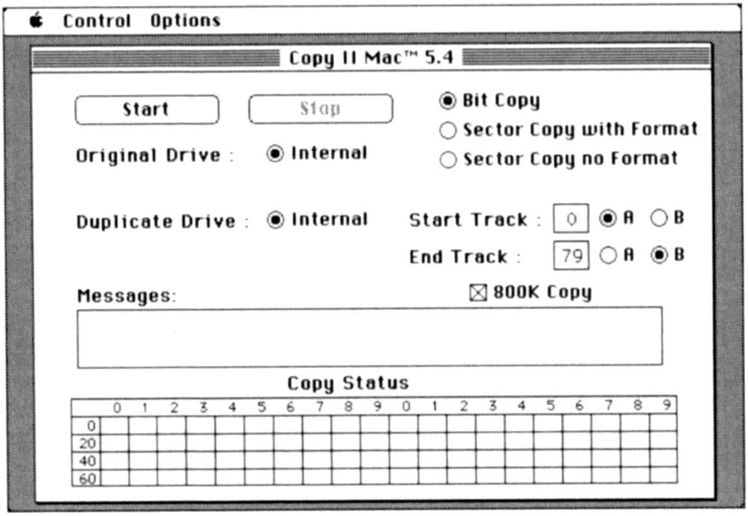

　黎明期のMacintoshはそのデータストレージとしてフロッピーディスクがすべてだった。したがって現在のようにSSDやハードディスクにアプリケーションをインストールし、その供給メディアを保存するといった考え方はできず、特定のアプリケーションを使うときには毎々そのディスケットを起動ディスクとして使うことになる。

　想像していただければ分かると思うが、その際一番我々が心配したことは「万一このフロッピーディスクが破損したらどうしようか？」ということだった。

　大切なそして総じて高価なフロッピーディスクだから「複製を作っておけばよい」と考えるのはある意味恵まれた現在の環境に慣れた人の発想である。なぜならMacintosh用のアプリケーションもある時期までは不

1984年のリリースより | 37

正コピーユーザーの増加に頭を悩ませたメーカーがいわゆるソフトウェアコピープロテクトを採用し始めたため、複製を作ることができなかったという現実があった……。

　その種の問題は現在においても完全に解決されていない問題だが、要は不正コピー使用者はともかく正規に製品を購入したユーザーにとってもこのプロテクト処理された製品は大変使いにくい環境を作り出すものでありアプリケーション利用時にさえ常にリスクを感じていなければならないことだった。

　こうした問題に対処すべく登場したのが「Copy II Mac」であった。この製品はソフトウェア的にプロテクトされたフロッピーディスクを解析し動作に問題がないまったく同じフロッピーディスクを複製するためのツールである。

　ただCopy II Macですべてのプロテクトされたソフトウェアが複製できるとは限らなかったものの複雑なことを考えなくても多くの製品の複製ができたことは正規ユーザーにとって恩恵だった。しかしこうしたツールはもろ刃の剣であり、より多くの不正コピーユーザーを増長させることになったのも事実なのではないだろうか。

　ただ現在に至るまで歴史が証明していることは理由はともかく正規のユーザーが使いにくいプロテクションがされている製品は売れないという事実である。

38 ｜ 1984 年のリリースより

1985年のリリースより

SuperPaint

発売元 ▶ Silicon Beach Software

　私はこれまで数多くのMac用グラフィックソフトが登場した中でも「SuperPaint」は一番実用的で優れた製品だと考えている。何しろMac OS 9の環境においてもVersion 3.5は動作しており、数々のシーンでまだまだ役に立っているのだから驚きである。

　現在では死語になりつつある「Macらしさ……」を代表するソフトウェアがこのSuperPaintだといっても過言ではない。その使いやすさの原点

は「シンプル」ということだろうが決して単純ということではなく、ユーザーの工夫が加わると仕様以上の機能・能力を期待できる点が優れていると思う。

　SuperPaintの特筆すべき機能の最大な点はいわゆるPaintとDrawと呼ばれて区別されている2種類のデータ構造を複合的にそして同時に利用できることだ。そして切替もアイコンをクリックするだけという簡単で分かりやすいものだが、それぞれのモードで作画した図形は他のモード時には影響されないという点も重要である。そしてそれぞれのモードに切り替えればそれぞれのモードで使えるツールパレットに切り替わる点も使いやすさの一因となった。

　ウインドウ周りのオペレーションではメモリが許せば作画ウインドウが最大10個まで同時にオープンできる点も特筆される。そしてポインタが作画領域の端にくると自動的に領域がスクロールする点もこれまでの製品にはなかったことである。

　またこのSuperPaintは本格的なDTPソフトが登場するまで簡易DTPソフトとしても私は随分と重宝したものだ。Drawモードでテキストを入力し、その領域を縦位置に変形することで完全ではなかったものの簡易的な縦書き表示もできたからである。

　このSuperPaintは当時数々の優秀なソフトウェアを輩出したSilicon Beach Software社からリリースされた製品だがその後PageMakerで有名になったAldus社へ買い取られた。

　その後Aldus社自身がAdobeに買収されたこともあり事実上消え失せた製品である。しかし繰り返すがその使い勝手の良さと実用性は特筆すべきものであり、もしSuperPaintが復活しmacOS版として登場したなら、私は間違いなく購入するだろう。

PictureBASE

発売元 ▶ Symmetry Corporation

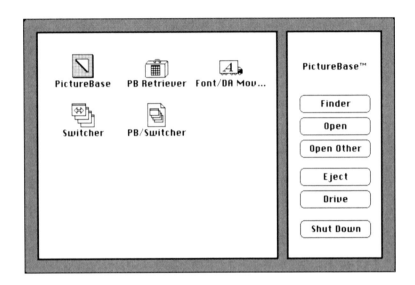

　MacPaintなどのペイントソフトを使って何らかのデータを作っていくと当時でもその管理や整理はなかなか面倒であった。現在のようにファイルアイコンがビジュアル表示できたわけでもないので複数のファイルを区別するのはただ単にそのファイル名だけが頼りだった。

　「PictureBASE」はそんな時代に一石を投じたシンプルなグラフィックデータベースである。何しろハードディスクが普及していない現状においての画像データ管理ソフトなのだからいまそのディスクの中身を覗くとあらためて感激することが多い。

　まずPictureBASEアプリケーション自身の大きさはたったの35 KBでありアプリケーションメモリは200 KB程度で動作したのだから……。

　管理できるファイルはMacPaintファイルとMacDrawファイル、そし

1985年のリリースより

てPictureBASE自身のファイルであるがアプリケーションを起動すると
まずは一種のメニュー画面が表示され、例えばディスクの交換などの作
業をここで行うことになる。

　PictureBASE自身を起動するとその様は現在の画像閲覧ソフトがそう
であるようにいわゆるサムネイルの形で表示されるが、ビットマップの
モノクロ2値画像のため場合によってはこの縮小画像ではイメージが潰
れてしまい、中身が判断できないことも多々あった。しかし特筆すべき
はここに表示するひとつひとつのサムネイルはカテゴリー別に分類整理
できることであった。

　サムネイルのウインドウ下にある左右のボタンをクリックすることで
そのカテゴリーに収録されている画像データを表示させることができ、
サムネイル画像をダブルクリックすれば実際の大きさのイメージを表示
してくれる。さらにそのイメージウインドウにもタイトルバー下の左右
矢印があり、クリックすることでイメージの切替が可能となっている。

　PictureBASEはシンプルながら分かりやすく画像管理を可能とする製
品だったが現実の問題としてその機能を有効に使うためにはハードディ
スクの普及が不可欠だったこともまた確かであった。

VideoWorks

発売元 ▶ HAYDEN SOFTWARE

　MacroMind社が開発したアニメーションソフトウェア「VideoWorks」
はHAYDEN SOFTWARE社がパブリッシャーとなって販売した製品
だった。もちろん当時のMacintosh環境はモノクロ世界だったし9イン
チの小さなモニタではあったがMacの中で本格的なアニメーションが作
れることを体現させてくれた画期的な製品だった。

　このVideoWorksがのちにオーサリング・ツールとして不動の地位を
確立していくDirectorに進化したことをまず知っておいていただきた

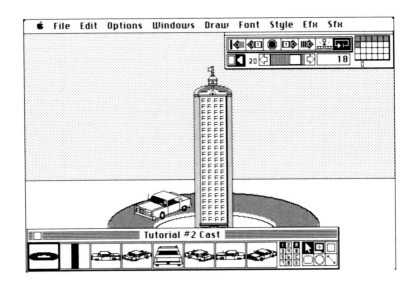

い。1987年にMacintosh IIとしてMacは256色のカラー環境となったがDirectorとしてそのパワーが全開したのはLingoという高度なスクリプト言語が搭載されてからとなる。ただし当時はまだまだそんなことを考えられる時代ではなかった。

　VideoWorksはアニメーションに必要な絵を描く機能からそれらを動画として形成するまでの基本的な機能を良く考えられたオペレーションで実現されていた。

　当時のVideoWorksと後のDirectorを比較してもベースとなる機能やそのコンセプトは大きく変わっていない。しかしVideoWorksだけではないが、当時我々がアメリカの雑誌やわずかに入ってくる情報で知り得た情報は当然のことだがすべてが英語によるものであり、例えマニュアルを手にしても十分に理解できない部分も多かった。

　ただVideoWorksは付属するMOVIE DISKにサウンドと共に動く魅力的なサンプルデータが複数提供されていたこともあり、そのロジックを勉強することは大変楽しかった記憶がある。

また1988年のことだが後にLingoと命名されるスクリプト言語が搭載されるというニュースが入ってきたとき早速MacroMind社に直接注文したものの到着したのは単にコピーしたマニュアル（未完成）と2枚のディスクだけであり、ディスクラベルには手書きでVideoWorks Interactive Program、そしてVideoWorks Interactive Tutorialsと書かれていた。

FullPaint

発売元 ▶ Ann Arbor Softworks

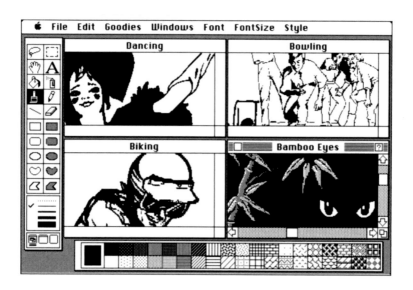

　MacPaintの登場に刺激を受けてその後急速にこの種のグラフィックソフトの登場が続くことになる。事実MacPaintをそのままお手本にして登場したのが「FullPaint」という製品だった。

　したがってFullPaintを一言で説明するならMacPaintの拡張版といえよう。しかしその操作環境はほとんど同じであり、ユーザーはMacPaint

からFullPaintに乗り換えてもまったくといって良いほど違和感を抱かなかった。

　他社製パソコンのソフトウェア環境とは違い、Macintoshは基本となるひとつのアプリケーションの操作を覚えればまったく別のメーカーが開発したアプリケーションにおいても違和感ない同種の操作性で使えることを実証したのもFullPaintの役割だったかも知れない。

　FullPaintはMacPaintを使い込むうちに不足だと思われるいくつかの機能を付加し、操作性を向上させた製品でありデータ互換もまったく問題もなく、MacPaintのファイルをFullPaintで読み込むこともできるしその逆も同様だった。ただしFullPaintによるファイルアイコンはそれと分かるようにそのデザインは少し変えてある。

　FullPaintを使う利点の一番は同時に4つまでウインドウをオープンし、その間でデータをカット＆ペーストできたことだ。またそのウインドウにスクロールバーが付いたことも操作性を大きく向上させた。何しろMacPaintでは現在の表示領域以外を見たい場合にはハンド・ツール（手の形のツール）でぐりぐりと作業領域を移動させなければならなかったのだから……。

　ウインドウ関連以外にも大きな特徴があった。それはEditメニューにSpecial Effectsが追加され図形を編集加工する際に必要だと思われるFree Rotate、Skew、Distort、そしてPerspective機能が付いたことだ。

　こうした目に見える機能追加以外にもなかなか肌理の細かな工夫もされていた。例えば作画中にツールパレットの鉛筆または消しゴムツールを選択しているとき、optionキーを押すことにより画面上のポインタが手のアイコンに変化してくれることである。これにより作画中にいちいちスクロールバーにポインタを移動したり、画面を移動するために手のアイコンに切り替えるといった煩わしい操作から解放されたのだ。

　また余談だが後年そのFullPaintのマルチウインドウが特許関連の訴訟対象となったことがあった。その際には何と……被告と原告の双方から

私にコンタクトがあったことも今では忘れ得ない思い出となっている。

RACTER

発売元 ▶ Mindscape, Inc.

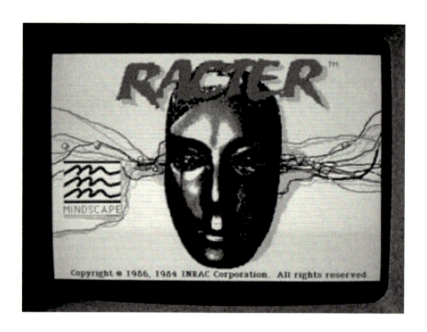

いやはや、この「RACTER」を手にしたときの衝撃はなかなかのものだった。その感激は今でも覚えているほどだ。

RACTERはユーザーがキーボードでMacintoshの中のRACTERという人格？と会話ができるというソフトウェアなのだ。

RACTER側はテキストだけでなく、スピーチ機能を使い音声出力するために何だかHAL9000と話をしているような錯覚にとらわれる。それに対してユーザー側はキーボードで応酬することになるがもちろんそのやりとりは英語であり日本語での会話はできない。

白状すれば私の貧弱な英語能力ではついていけない。なぜならスラング的表現も多く意図が分からない会話があるしその上、生意気にも「シェイクスピアがどうのこうの……」といった話題で煙にまかれることもあるからだ。また「……ちょっと待ってくれ」とメッセージを残して1分も待たせたまま戻ってこない失礼な仕打ちに合うこともある（笑）。

もちろんRACTERは現在でいうところの本格的なAIではないがその上手なパターンマッチング手法とあいまって英語のネイティブユーザーなら大変楽しめるのではないだろうか。そしてRACTERで遊んでいると1960年代中頃に誕生して話題になったセラピストがカウンセリングを行う精神科医のエミュレートプログラム「ELIZA」も思い出す。

RACTERはコンピュータによる新たなテクノロジーを予感・体現させてくれた大変印象的なアプリケーションだったことは確かだ。

MIGHTY Mac

発売元 ▶ Advanced Logic Systems, Inc.

いま考えるとフロッピーベースでデータベースでもないと思うのだが、当時はこの「MIGHTY Mac」のようにテキストベース、それも比較的日常性のあるスケジュール管理向けデータベースといった製品がいくつか登場した。「MIGHTY Mac」もそうしたソフトのひとつだった。

日本はもとより、米国においても小さなメモリしか積んでいないMacintosh。Apple IIなどと比べ拡張性が無いというよりそれを拒否しているようなMacintoshはビジネスには使えないという考え方もあった。したがって逆に何とか実ビジネスに利用・応用できないかと考えた人たちも多かったのだろう。

別途THE Desk Organizerといった製品などからもこうした意図を痛いほど感じるが残念ながら当時、これらのアプリケーション製品がビジネス的に成功したという話は聞いていない。日本でもMacintoshは日本語

Mighty Mac™ Data File Search Display Special Message

| Events | Directory | Reminders | Notes |

| Date | Time | Event | Notes |
| 11/19/99 | 6:00 PM | KGS event | Mr.Matsuda & Mr.Uzawa |

Jan	Feb
Mar	Apr
May	Jun
Jul	Aug
Sep	Oct
Nov	Dec

November 1999

S	M	T	W	T	F	S
	1	2	3	4	5	6
7	8	9	10	11	12	13
14	15	16	17	18	19	20
21	22	23	24	25	26	27
28	29	30				

0	1		A	B	C	D	E
2	3		F	G	H	I	J
4	5		K	L	M	N	O
6	7		P	Q	R	S	T
8	9		U	V	W	X	Y/Z

It is now: 12:27 PM - Mon, Jan 7

が使えなかったことが逆にバネになり、関係者がそのパワーをグラフィックに向けたという傾向がある。

MacNudes

発売元 ▶ Gold Coast Computing Service

「MacNudes」は数枚組のディスクだったが1枚のディスクにMacPaintファイルの画像データが20個前後含まれている。早くいえばヌード映像のクリップアート集であるが、女性だけではなく男性のデータも含まれていた。

それらはどう見ても著作権が切れた昔の写真かあるいはその手の雑誌から画像をいただいたような感じだったし取り込みの結果もあまり上手とはいえない……。

それから言うまでもなく当時はモノクロ環境だったしその誤差拡散で取り込まれたヌード画像も現在のフルカラーそしてモロ画像が氾濫する

インターネット環境から見れば子供だましの他愛のないものだったといえる。しかし当時はこれでも立派な？売り物だったのである。

Silicon Press

発売元 ▶ Silicon Beach Software

　Silicon Beach Software 社は SuperPaint など優秀なソフトウェアを多数リリースした当時は有数のソフトウェア企業だったが、「Silicon Press」も印刷ユーティリティといったポジショニングの製品として当時は随分と重宝したものだ。

　印刷といっても一般のビジネス文書などではなく私は「小細工印刷」などと称していたが例えばディスクラベルの印刷、住所ラベルや名刺、シール一般とか蔵書票など小振りの印刷物を手際よく作り出すことができるアプリケーションである。

　いわば簡易型のDTPソフトみたいなもので、後の時代ならPageMaker

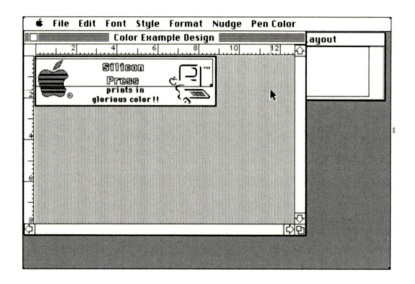

などを持ち出すところだろうが当時はまだDTPという言葉は知られていなかった。したがってSilicon Pressはテキストはもちろんグラフィックを組み合わせて好みのレイアウトをした上で印刷でき、ImageWriter IIとそのカラーリボンを使えばカラー印刷もできる最先端の製品だった。

　ディスクラベルにはJapanese Ver1.1とシールが貼られているがこれは日本語版という意味ではなく漢字Talk上で起動してもメニューは英語のままだが、アプリケーション上で日本語が入力できるというバージョンだった。

　初期の頃の製品としては実用的で優秀なアプリケーションだったと認識している。

myDiskLabeler

発売元▶不明

　Macintoshが登場し早速入手された評論家の紀田順一郎さんは

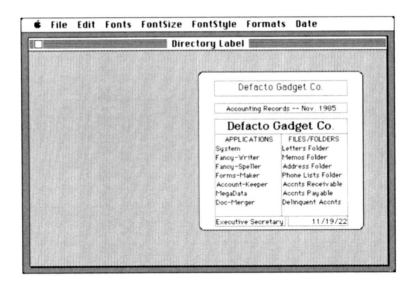

「Macintoshは文具」と言われたことがある。確かにApple純正品のMacintosh用プリンタImageWriterとあいまってその頃のMacintoshは現在とは違った意味においてパーソナル印刷機であり最新鋭の文具でもあった。

そのWYSIWYG仕様に基づいた使いやすさ、そしてグラフィックとテキストが同じレベルで混在利用でき、それらを考えた通りの寸法で簡単に印刷できるのだからたまらない魅力があった。とは言っても現実問題MacPaintとMacWriteだけで何をしろというのか……という意見もあったのだが（笑）。

ともあれ私自身早々にMacintoshを使って3.5インチのフロッピーディスクラベル作成などにのめりこんだものだ。前記の紀田順一郎さんと交友が始まった頃、紀田先生ご自身も同様な興味をお持ちでMacintoshで蔵書票や原稿用紙などをデザインされていたことを知り自作のフロッピーディスクラベルの交換などをしたものだ。

それらのほとんどはMacPaintとかSuperPaintなどを使ったオリジ

ナルデザインのものだったが、こうしたラベルをより簡単に作成できることを謳ったソフトウェアも数種登場してきた。そのひとつがこの「myDiskLabeler」である。

しかし本音をいえば私が作りたかったグラフィカルなラベルを作成するための製品ではなかったこともありそのものをフル活用した記憶はない。だからこそ消耗品であるべき同梱のラベル用紙が現在まで残っているのかも知れない。

CalenderMaker

発売元 ▶ 不明

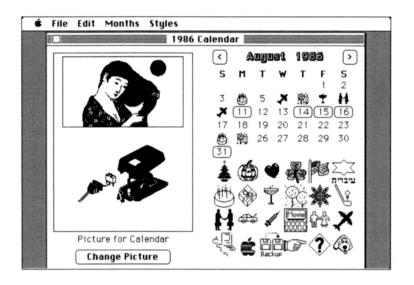

個人的にソフトウェアの姿はこの「CalenderMaker」のように単一目的の製品が好きだ。何よりも目的がはっきりしているので使いやすいのが良い。したがっていまだにいわゆる統合ソフトは苦手である。

ともあれCalenderMakerはその名の通りカレンダーをデザインし印刷するソフトウェアだが本製品はそんなに多様な要求には応えられないものの、好みの絵を取り込んだカレンダーが簡単にできあがるのが特徴。

また日付の欄には誕生日とか旅行そして記念日といった行事などをアイコンとして貼り付けることができる。アイコンは画面右下にまずまずの数が揃っているが特定のアイコンをダブルクリックすればそのアイコンを編集できるので好みのアイコンを作り出すことも可能だ。

私は別途1987年にリリースしたversion 2.21も持っていたがこちらはカラーリボンに対応したImageWriter IIを意識し、アイコンやフォントがカラー指定できるようになっているのが特徴だった。

こうしてソフトウェアを追っていくと当然のこと、ハードウェアの進歩や当時のMacintoshの利用環境そのものが見えてくるのも楽しみのひとつである。

なおプログラマはMacBILLBOARDを開発したDonald Brown氏。

ReadySetGo

発売元 ▶ Manhattan Graphics Corpo.

パソコンによる本格的なDTP（デスクトップ・パブリッシング）の幕開けはMacintoshとPageMaker、そしてLaserWriterというポストスクリプト対応のレーザープリンタで始まったことは良く知られている。しかしその黎明期にはDTPという言葉はまだ確立されていなかったものの、その種のいくつかのソフトウェアの登場も目立った。そのうちのひとつが「ReadySetGo」である。

ReadySetGoは "Interactive page makeup for the Macintosh" と銘打ったソフトであり簡単にページレイアウトした印刷物を作ることを目的としていた製品である。

とはいえ私がこのReadySetGoを入手したときにはまだLaserWriter

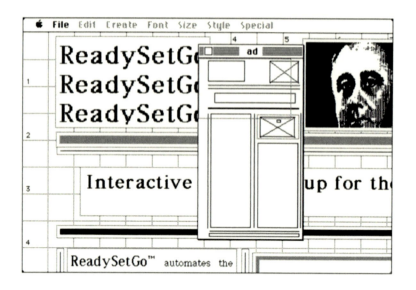

　はなかったしドット・インパクトプリンタ（ImageWriter）で使うしかなかった。さらにReadySetGo側の責任ではないが、日本語が使えない当時として実用レベルの結果を期待できるものではなかったし例えば1ページ程度の印刷物を作る程度なら……テキストとグラフィックを同一ページ上にレイアウトするというコンセプトだけなら、場合によってはSuperPaintのドローモードなどの方が融通がきくことが多いように思えた。

　やはりPageMakerを代表とするDTPソフトを本格的に使うようになったのはマニュアルのような数多いページ物の印刷を必要としたケース、すなわちビジネスとして使わざるを得なくなったときからだった。まさしく「必要は覚える良いきっかけ」というヤツである。

　しかしReadySetGoは最初に手にしたページレイアウトソフトとして忘れ得ない製品であると同時にその当時のユーザーの多くにおいては購買意欲と自身の実用度とは直接結びついてはいなかった場合も多かったようだ。

むしろMacintoshを通してアメリカから入ってくる魅力的な情報・テクノロジーを得たいという希望・期待が大きく、それが自分個人では使い道のないような製品までをも購入する原動力だったような気がする。

Balance of Power

発売元 ▶ Mindscape, Inc.

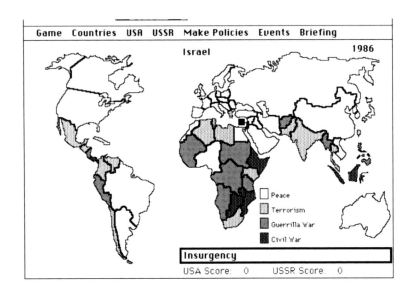

「Balance of Power」はもともとは物理学の教授だったようだがクリス・クロフォード氏（Chris Crawford）により開発されたシミュレーションゲーム。

1980年代のアメリカとソビエト二大大国による冷戦時代を敏感にとらえたBalance of Powerは最初Macintosh用としてリリースされたがその後はいろいろなマシン用にも移植され一世を風靡した。実際私らの年代はキューバ危機を体験しており、アメリカとソビエトが一触即発だった

緊張感は記憶の底に残っていてあまりゲームとして楽しめなかった。

　ゲームはかろうじてバランスを保っている微妙な国際関係下において核戦争を起こさず自国の勢力圏をいかに広げていくかを競うシミュレーションゲーム。事実なかなかじれったいゲームであり、ちょっと強攻策を続けると即核戦争となってゲームオーバーしてしまう。だからといって穏和なことを考えているとあっという間に勢力圏がなくなっていく……。

　私のような気の短い人間は政治家には絶対向いていないということを如実に感じた逸品（笑）。

　ちなみにディスクラベルに"Geopolitics in the nuclear age（核時代の地政学）"とあるが「地政学」とはスウェーデンの（Rudolf Kjellen, 1864-1922）が提唱した国家を有機体としてとらえ、その政治的発展を地理的条件から合理化しようとする理論でその後ナチスにより領土拡張の戦略論として利用されたということでも知られているそうだ。

MDCII

発売元 ▶ New Canaan MicroCode

　「MDCII」はフロッピーディスクの中身をスキャンしボリュームごとにどのようなファイルが含まれているかを自動的に一覧表示してくれるソフトウェアである。

　実際にMDCIIを起動すると初期画面が表示された後、MDCIIディスクはイジェクトされる。ここで管理したいディスクをドライブに入れると3つのウインドウに内容が一覧表示される。スキャンし終わるとフロッピーディスクはイジェクトされ、次のフロッピーディスクの挿入を待つことになる。

　この調子で次々とフロッピーを入れていけば理屈では自分が所有しているアプリケーションの管理にもなるが、カテゴリー別にきちんと整理するためにはある程度あらかじめ必要な設定をしておく必要があった。

```
  File  Edit  Windows  Catalog  Index  Search  Font

┌─ Files - 7 Entries ──────────┐ ┌─ Volumes - 2 Entries ─────────┐
│  File Name     Created  Modified│ │  ID  Uol Name Created   Modif │
│  Baseball     12/12/84 01/03/80 │ │  1   MDC II™   05/28/86 01/10/ │
│  Comdex       01/01/04 12/25/84 │ │  2   Tank 512  12/25/84 01/09/ │
│  MDC II™      05/29/86 05/29/86 │ │                               │
│  MDCStuff[ll] 04/15/86 04/15/86 │ │                               │
│  Release Note...04/15/86 05/30/86│ │                               │
│  tankopts     12/25/84 12/27/84 │ │                               │
│  ThinkTank 512 12/26/84 12/26/84│ │                               │
```

STANDARD CATEGORIES	Count	Size K	USER CATEGORIES	Count	Size K
System Files	0	0	Financial & Accounting	0	0
Word Processing	4	191	Programming Languages	0	0
Graphics (Paint/Draw)	0	0	Mixed Bag (Misc.)	0	0
SpreadSheets	0	0	Integrated Packages	0	0
File & DB Managers	1	1	Communications	0	0
Games & Entertainment	0	0	Desk Accessories	0	0
Tools and Utilities	0	0	Disk Utilities	2	122
Fonts	0	0	Unassigned	0	0

　なお記憶が薄れてはいるが、このMDCIIにはフロッピーディスクの内
容をスキャンした結果を3.5インチのディスクラベルとして印刷すること
ができるので私はその機能のみ使っていたような気がする。

MacQwerty

発売元 ▶ Paragon Courseware

　Paragon Coursewareがリリースした「MacQwerty」はユニークなユー
ティリティだった。

　QWERTYとは英文タイプのキーやパソコンのキーの英文字最上段の
左からＱＷＥＲＴＹとキーが並んでいるところから付けられた安易？
な呼び方である。またこの配列の由来にはいわゆる使いやすさという意
図はなく機械式タイプライターが考案された時、その活字をキーに連結
されているバーが早く打たれると印字位置で重なってしまう不具合を考
慮し、早く打てないようにと考え出されたものだという説があるほどだ。

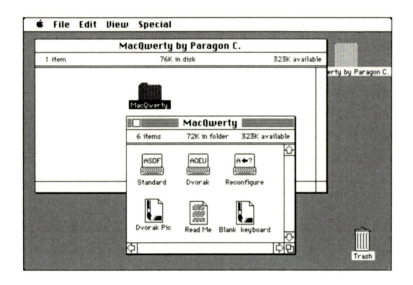

　それに対してDVORAK配列は1930年代に考案されQWERTY配列よりも打鍵に適した配列になっているという。そしてDVORAKの由来は考案者の名前から取られている。

　このDVORAK配列の特徴は母音に当たるキーが左側に、そして子音に当たるキーが右側に配置されており、左手・右手で交互に打鍵が行えるよう考案されており、アルファベットの出現頻度なども考察された配列だと言われている。

　で、本題だがMacQwertyというソフトはMacintoshの標準キーボード（当然QWERTY配列）を簡単にDVORAK配列に変更するソフトウェアである。

　しかし良くも悪くもQWERTY配列で慣れきった体では例え合理的であろうとDVORAK配列を新たに練習するのは辛いものがあり興味本位で購入しただけのソフトウェアと化してしまった。

Icon Switcher

発売元 ▶ PBI Software

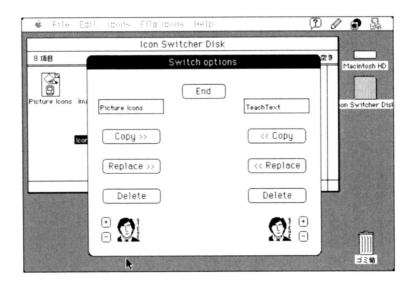

「Icon Switcher」はその名の通り、既存のアイコンを好みのものに変更することができるユーティリティソフトである。またアイコン自体を編集・加工することもできた。

とはいえこの種のソフトは入手したときはあれこれと楽しむものだが、そうそう既存のアイコンを変更してしまっては何が何だか分からなくなり都合も悪くなる（笑）。したがって早々にお蔵入りになってしまった。

初期の頃のMacintoshはアイコンを含め、いわゆるFinderとかデスクトップ自体で随分と楽しんだものだった。そうした中で我々はMacintoshのコンセプトはもとよりAppleのメッセージを感じ取り、細部までMacintoshを知ることになる。

1985年のリリースより | 59

Easy 3D

発売元 ▶ Enabling Technologies, Inc.

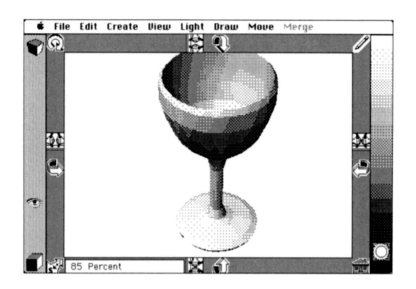

　Mac最初期の3Dソフトのひとつが「Easy 3D」だった。オブジェクトを形成する方法としてLatheという物体の切断面の片割れを描写しそれを360度回転させることで立体を作り出す手法とJigsawという描写した形状を押し出して立体を作り出すというその手法は基本的に現在の3Dソフトと同様である。というよりそうしたロジックそのものはそれまでにも確立されていたが、私たちに分かりやすくそしてマウスによる簡単なオペレーションによる利用環境を提供できたところにMacintoshの、そしてEasy 3Dの面白さと凄さがあった。描写した立体物を回転させる方法や変形・拡大・縮小のやりかたも大変分かりやすかったしライティングの設定も目新しかった。

　Easy 3Dはその名の通りイージーであり、3Dは難しいという大方の見

方をあらためさせるに十分な魅力を持っていた。当時のMacユーザーはこの種のアプリケーションにおいて初期の頃から上質のソフトウェアロジックを提供されていたこともあり、その後カラー化をはじめ急速に進歩する3次元グラフィックソフトの登場においても理解が早かったといえる。

MacInooga Choo-Choo

発売元▶ Southern Software

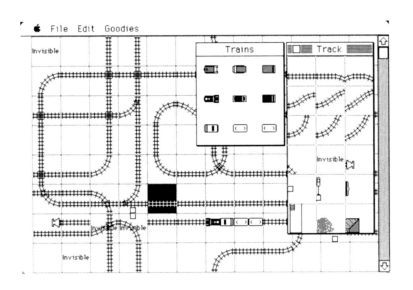

「MacInooga Choo-Choo」というアプリは当初どのように発音するのか分からなかったが、Choo-Chooとは汽車ポッポのことで"Train Set Software"と記されている通り画面上でレールを架設し汽車を走らせることができる大変楽しいソフトウェアである。

　私は鉄道模型に詳しくないので間違っているかも知れないが

"MacInooga"の"ooga"はゲージの意味ではないだろうか。なぜなら鉄道模型の分類はレールの幅により区別されており、例えばOゲージ＝32ミリ、HOゲージ＝16.5ミリ、T・Tゲージ＝12ミリ、スリーOゲージ（Nゲージ）＝9ミリなどということになる。

画面は正方形のブロックが敷き詰められており、そのブロックに相当するレールやその他の飾りがTrackウインドウとして用意されている。これらを選択することでレールを思うように敷き詰めてレイアウトできる。

またTrainsというウインドウには汽車が用意されており、これらも好みのものを選択することができるが、画面上でチョロチョロと汽車がレール上を走る様は見ていて飽きないから不思議である。このソフトウェアはその命名からして子供向けとして開発された製品だと思うがそのシンプルさはかえって大人もはまってしまう魅力を持っている。なお製品名の発音は、ハリウッド40年代のヒット曲である「Chattanooga Choo Choo」（チャタヌガ・チューチュー）という曲名をもじったものと思われる。

インスタント漢字

発売元▶イーエスディラボラトリ

現在から考えるとMacintoshの黎明期にはとんでもない製品も登場した。このインスタント漢字もそうしたものの1つであり常用漢字と仮名を含む2,000文字の漢字をいわゆるクリップアート感覚で用意したものである。

とんでもないと言ったが逆に考えれば当時、いかに日本語……漢字を使いたいという要求が大きかったかということをご推察いただけるのではないかと思う。何しろ「漢字Talk」、すなわち日本語が正式にサポートされたOSが始めて登場したのが1986年なのだからその頃のMacintoshユーザーは日本語環境に飢えていたといえる。

NECのPC-9801と一太郎のように快適に日本語変換しながらかな漢字

を入力することはできないまでも書類のタイトルとかポップのページに少しでも日本語表記をしたいと切望していた時代だったのだ。

　インスタント漢字は基本的に音読みで2,000文字の漢字（約60級の大きさ）を並べMacPaintファイルとして製作されたものであり、いわばインスタント・レタリングのデジタル版みたいなものだ。したがってそれらはMacPaintとかSuperPaintなどのグラフィックソフトなどによりカット＆ペーストされ、絵として目的のアプリケーション上に配置されるという使われ方を想定した製品だった。絵であるならば後は斜体にしようが白抜き文字にしようが縦横を変倍するなどということはMacintoshで簡単にできる。

さてそろそろ白状するが、実はこのインスタント漢字は私自身が半年以上もかけてこつこつと作ったものを本郷のイーエスディラボラトリに請われて販売させていただいたものなのである。

これはまずまずのバイト代となったが反面、同様なことは2度とやりたくないと肝に銘じた。なぜなら会社から帰った後、そして休日のほとんどの時間を使いドットをつぶしていくその作業はそれはそれは辛いものだった。

諸橋・大漢和辞典（大修館書店）のために8年間を費やして5万字もの石井文字（細明朝体）を作った石井茂吉氏（1887〜1963）の苦労がホンの少し分かったような気がしたものだ。なお石井茂吉氏は写真植字（写植）の発明者であり写真植字機研究所（後の写研）の創立者である。

1986年のリリースより

DrawArt

発売元 ▶ Desktop Graphics

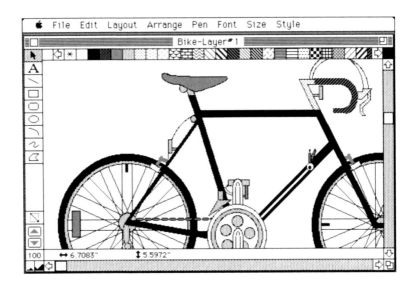

　当時、ビットマップのクリップアートはかなりの種類が市場に登場しつつあったが「DrawArt」は印刷した結果が美しいドローデータによるクリップアート集である。

　ただアート集といってもフロッピーディスク1枚に28作品が収録されているだけであり現在ならこの程度のものでは売り物にはならないだろう。ただ収録されているデータのクオリティはなかなか高く、私も内輪

の印刷物に使った覚えがある。

　これまでクリップアートの製品はかなり集めたもののユーザーから見ると難しい商品でもある。なぜなら例えばメディアに数百点、数千点のデータが収録されていたとしても目的に添って使いたいと思うようなデータは数点しかないというのがどの製品にも言えるようだ。ましてや私たち日本人の感性が良しとするような作品は米国製のクリップアートには少ないのも現実であり「買い得」と思えるようなクリップアート製品はほとんどなかったといっても過言ではないかも知れない……。

MacMOVIES

発売元▶Beck-Tech

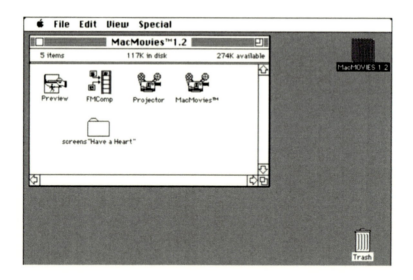

　「MacMOVIES」はVideoWorksなどとは対照的ともいえるシンプルなアニメーションソフト。

その基本的な使い方はといえばあらかじめ用意しておいた少しずつ違う複数のMacPaintファイルをそのファイル名順にメモリに読み込み、それをパラパラ漫画のように高速再生してムービーとして機能させるもの。したがってある面では大変データは作りやすくかつ使いやすかった。

　ただ例え数十枚のファイルだとしても現実を直視すればハードディスクがないことには単なるお遊びでしかなかった。しかし今で言うコンテンツさえよくできていればなかなか見栄えの良いアニメーションができたものである。

　私は後のHyperCard登場まで、このMacMOVIESとVideoWorksとを使い分けて簡単なプレゼンテーション資料などを随分と作った記憶がある。

　MacMOVIESにはこのように複数のMacPaintファイルを読み込んでプレビューできる機能の他、ひとつのムービーファイルとして作り上げるためのFMComp（コンパイルするためのツール）というソフトとそれを再生するProjectorというソフトも付属していた。

　MacPaintやFullPaintなどで様々な作品を作ったり印刷物を作ったりしていた当時の私だが、モノクロのビットマップデータとはいえ、描いた絵が思った通りに“動く”その様には「これぞパーソナルコンピュータあってのことだ」と大いに感動したものである。そして手描きの絵をどのように描いたら自然な動きとして見えるのか……などという動画の基本をこの手のアプリケーションで学ばせてもらった。

CricketDRAW

発売元 ▶ Cricket Software, Inc.

　1987年にAdobeからIllustratorがリリースされるまでグラフィックソフトウェアには大別してペイント系と呼ぶビットマップを操作する製品とドロー系と呼ばれるオブジェクト単位でデータを扱う製品とがあった。

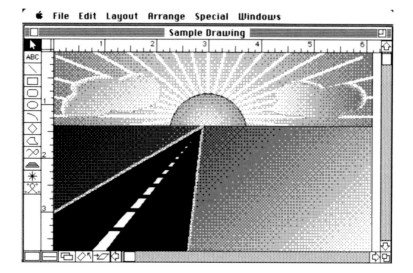

　この「CricketDRAW」はその名からも分かるようにドロー系のアプリケーションとして登場した製品だが、ポストスクリプト印刷に対応すべくリリースされた製品でもある。さらにIllustratorのようにアンカーポイントなどの機能はないものの、フリーハンドで描いた線や連続直線をオブジェクトデータにしてくれるなど、いま見るとドローアプリケーションとポストスクリプト・グラフィックの間を補完するような製品に思える。時代的にもIllustratorなどの登場を予感していたのかも知れない。
　CricketDRAWのサンプルにはあたかもビットマップによる絵みたいなものがあるが、これは「ドローソフトでもこれだけ自由度のある描写ができますよ」というメーカーの主張であったように思える。
　私自身もしばらくの間、このCricketDRAWを愛用していたことを思い出す。事実大変安定した製品であり出来の良いソフトウェアであった。
　なおCricketSoftware社は現在のマイクロソフト社のようにその一連の製品名の頭に"Cricket"という名を必ず付けていた。それらの中にはCricket GraphとかCricket PAINTなどもあった。

Mac書道

発売元▶演算星組

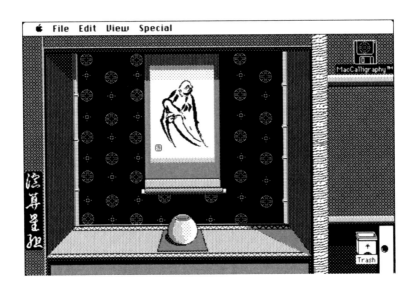

　Macintoshが登場して2年後に早くも日本のソフトウェアが登場し米国においても話題になった製品があった。それが演算星組が開発した「Mac書道」である。

　Mac書道を一言で説明するなら墨と筆の世界をMacintoshでシミュレートしたソフトウェアということになる。ソフトウェアの発想、コンセプトそしてその出来も良い意味で隅々にまでこだわった記念すべき製品であり後述するように私個人にとっても思い出深い製品となった。

　もう少し詳細な解説をするなら筆による筆法をマウスの勢いとマウスボタンの押す時間に置き換えることでハネをはじめとする筆独特の描き方を可能にした点がMac書道の優れた点である。

　もちろん筆による書に通じているからといって即Mac書道で思うよう

な書が書けるかといえば話は別となるが、もともと書は芸術性をその本質に持っているものであり実際の書道で培われた造形美はそのまま活かすことができると思う。また逆に学校などで教わった形骸的な書道にこだわらず、楽しめる点も評価できるのではないか……。

Mac書道の魅力はそのユニークなコンセプトもそうだが製品の隅々に対するこだわりに尽きる。何しろ初版の製品は本物の桐箱に納められていたのだから……。

Mac書道を起動するとまず驚くのはデスクトップを日本家屋の床の間の絵に変え、ゴミ箱のデザインまでをも変えてしまう徹底さである。そしてもちろんアプリケーション自身も細部にわたって神経が行き届いている。例えば書をはじめるためにはまず墨をすらなければならないが、硯の上でマウスをゴシゴシとこすることで段々と墨の濃さが黒くなっていく点ひとつをとっても感激ものだった。

さて先に「個人的にも思い出深い製品」と記したが実は私がまだ商社勤めをしていたサラリーマンの頃1週間に1〜2度会社の帰りに演算星組に寄っていた時期があった。

実は1985年だったと思うが、ある日の休日のこと自宅に電話がかかってきた。電話を取った女房は心配そうに「あの……ナントカ組……から電話なんだけど」と私を呼びに来た。どうやらどこかの反社会組員からの電話かと危惧したらしい（笑）。実際は演算星組の井上社長からのお電話であり「Mac書道というグラフィックツールを開発しているが一度意見を聞きたい」とのご依頼だった。その頃の私はグラフィック関連を得意とする数少ないバリバリのライターだったからだ。

そんなわけで頻繁にMac書道の開発経緯を見ることができただけでなく、いま思えば無意識のうちにも井上さんたちの仕事ぶりからその後自分自身がMacintosh専門のソフト会社を設立するに至る刺激を受け、かつ勉強させていただいたような気がする。

それはともかくMac書道のアバウトには私の名が記されているだけで

なくマニュアルの「Mac書道テクニカル」の項は私自身が書かせていただいたのも何よりの思い出となった。

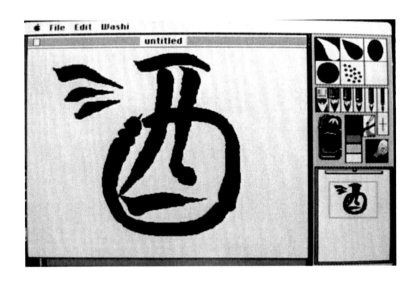

Microsoft Works

発売元▶ Microsoft Corporation

「Microsoft Works」は、いわゆる統合ソフトウェアのハシリであり、この頃からマイクロソフトに限らず「○○ワークス」と名付けられた製品が多々リリースされることになる。そしてこのMicrosoft Worksは綿々と続くマイクロソフト社の製品ラインナップを考えると現在のMicrosoft Officeに続く原型であったといえよう。

ソフトウェアはワードプロセッサ、データベース、スプレッドシートそしてコミュニケーションとそれらを統合して利用できるAll Works Typesという5種類のツールを起動後の画面で選択できるようになっている。

1986年のリリースより

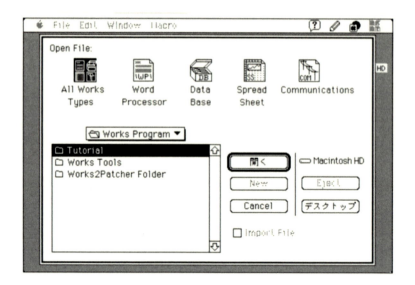

　これがディスケット表面に「Five Tools in One!」というコピーが書かれているゆえんである。しかし個人的な好みでいえば本来便利なはずのこの種の統合ソフトはあまり好みではない（笑）。

　もともとMacintoshはひとつのアプリケーションでなにかを完結できるといった考え方ではなく、いくつかの好みのアプリケーションを組み合わせデータファイルを渡し合うことにより目的を達成するというコンセプトを持っていた。したがってグラフィックソフトであれワープロソフトであれ、自分で使いやすく気に入ったものを使いたいという思いがいまでも強いのだが……。

SHANGHAI

発売元▶ACTIVISION ENTERTAINMENT

　Macintoshにも素敵なそして素晴らしいゲームが沢山ある。ただし私自身 Apple IIの時代にはゲームもよくしたもののMacintoshになってか

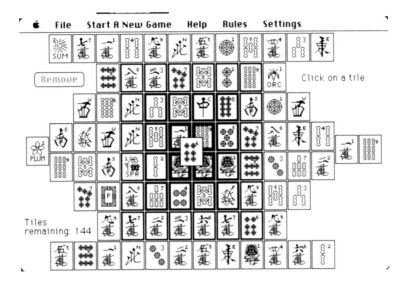

らは意図的にあまりゲームには手を出していない。もちろんゲームが嫌いというわけではなく、ただ単に時間が少しでも欲しく、残念ながらゲームを楽しむ余裕がなかったというのが正直なところである。

　さてACTIVISION　ENTERTAINMENTから登場したこの「SHANGHAI」は現在でもお馴染みのゲームだが、こうしたルールが単純なものほどムキになりあっという間に数時間を費やしてしまう。

　SHANGHAIはルールに則って積まれた麻雀牌をあたかも神経衰弱のように同じ牌を2枚ずつ指定して消していくゲームだがこれがなかなか面白いのだ。時間つぶしのお遊びとしては最高級のゲームかも知れない（笑）。

電脳絵巻

発売元▶演算星組

　「電脳絵巻」は、あの「Mac書道」を開発した演算星組による高品位な

1986年のリリースより | 73

クリップアート集である。（※ファイルはMacPaintファイルで収録されている。）

　特徴としては米国メーカーのものとはまったく異質なジャポニスムたっぷりのものだったことだ。この手のクリップアート製品についてはかなりいい加減な絵も多いしファイルごとにそのクオリティには大きな差があるものが普通だった。

　しかし電脳絵巻は15個のMacPaintファイルすべてが細かな所まで神経が行き届いた精緻なものである点が素晴らしい！　事実、日本では年賀状のデザインに用いられたりするケースが多かったようだが日本以上に米国のMacintoshユーザーに高く評価をされたことは当時の日本ユーザーにとっても誇りだった。後に「器の巻」など、シリーズとして製品化が続いた。

GrayPaint

発売元 ▶ Fractal Software

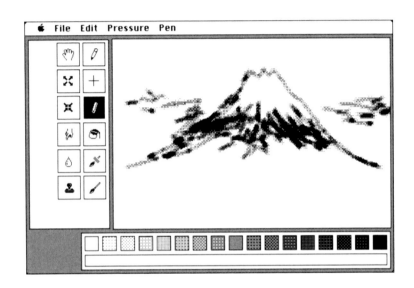

　「GrayPaint」はMacPaintやFullPaint、そしてSuperPaintなど当時としては画期的なモノクログラフィックソフトが登場しつつある中でそれらのソフトには持っていない機能を集めたペイント系ユーティリティともいうべき製品。

　いまでこそ珍しくもないが例えばチョークツールなど、重ねて描けば描くほど色が濃くなるとか、指のツールで擦った表現が可能とか、さらに水滴ツールで絵を滲ませるなどなどといった機能に特化したペイントツールがこのGrayPaintであり入手当時は大変感激したものだ。

　GrayPaintのツールパレットを眺めてみると分かるが、いま見てもまったく違和感がない。40年近くも前にこの種のロジックはある意味確立されていたのだ……。

1986年のリリースより

1984年から約2年間はMacPaintの機能を補完すべきこの手のソフトが続々と登場しつつあった時代だった。

　もともとMacintoshのコンセプトはすべてひとつのアプリケーションでことを済ますという発想ではなく、良い意味で様々な機能を持つアプリケーション間にデータを渡して目的を達成するという指向が浸透していた。GrayPaintもそうした意図に基づいた当時はなかなか便利で有用なソフトウェアだった。なおプログラマはMark Zimmer氏。

MacScan

発売元▶エーアンドエー

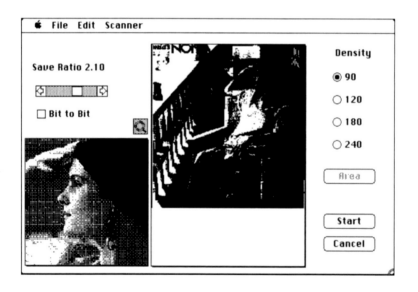

　「MacScan」はその名の通りスキャニングソフトウェアであり、モノクロ入力ながら本格的な画像入力が可能な製品だった（カラーのMacは1987年にならないと登場しなかった）。

76 ｜ 1986年のリリースより

スキャナは当時PC-9801シリーズ用として販売されていたNEC PC-IN502またはIN501をサポートしていた。なおモノクロのスキャナシステムとしてはその翌年の1987年に米国のメーカーからキヤノン製のハードウェアを利用したいみじくも同名のMacScanというソフトウェアが登場したが、これらの製品はカラースキャニングソフトウェア「ColorMagician」(1989年以降コーシングラフィックシステムズ社が開発しスリースカンパニー社が販売) が登場するまで大いに利用された。

　なお本エーアンドエー社からリリースされたMacScanは札幌のSD Engineering社が開発した製品だった。

SoundCap

発売元 ▶ Fractal Software

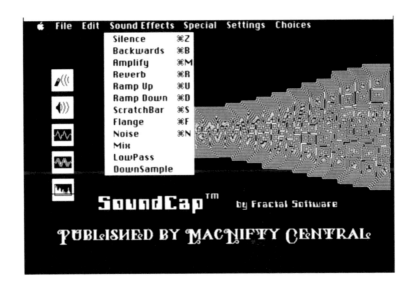

　Macintoshはやはり時代に先駆けた優れたパソコンだったと思う。基

本設計がしっかりしていたからグラフィックスだけでなくサウンド関係の利用にしてもサードパーティ各社からシンプルで優れた製品がいろいろと登場した。

この「SoundCap」という製品はその後SoundEditが登場するまで私が知る限り最も初期に登場した使えるサンプリングシステムだった。

マウス2個分程度の大きさの黒いハードウェアと共にパッケージされていたこのソフトウェアには驚きと感激を受けたものだ。何しろアプリケーションを起動するとスタートアップ画面が登場するが、その時映画の1シーンのようなセリフが発声された……。まだまだサンプリングも珍しい時代だったから、こうした演出はソフトウェアを使う我々をワクワクさせたものだ。

SoundCapは専用の取り込み装置をプリンタポートあるいはサウンドポートにつなぐだけで高音質のサウンドが録音できただけでなく一通りのエフェクト機能やピッチ変更などもでき、別途用意されたユーティリティソフトによりサンプリングしたサウンドデータをVideoWorksのアニメーションで利用できるなど神経が行き届いた製品だった。

The Print Shop

発売元 ▶ Broderbund Software

「The Print Shop」はMacintoshを印刷屋さんにしてしまうソフト。それも適切なタイトルやコメントを入力するだけで素敵なグリーティングカードなどが簡単に作成できプリントアウトももちろん可能。

Print Shopでできることはアプリケーションを起動すると表示されるグラフィカルなメニューを見れば一目瞭然である。それらは大別してグリーティングカード、レターヘッド、バナーそしてチラシの4種類となっている。

Print Shop最大の特徴はそのイージーな操作だろうか。自分で絵を作

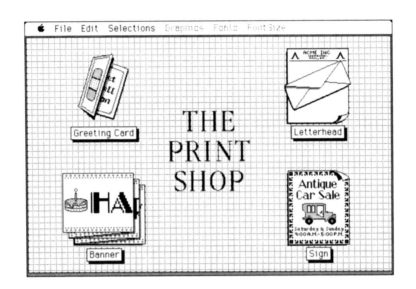

る必要性を感じないほど豊富なテンプレートやサンプルデータそしてアートなどが収録されており、これらを組み合わせることでとても簡単に印刷物を作ることができた。

製品の完成度も高く、多くのユーザーがMacintoshの面白さを知るひとつのきっかけとなるような優れたアプリケーションである。

MacOffice

発売元 ▶ Creighton Development, Inc.

「MacOffice」は、その名からして何か統合ソフトのようなイメージを持つかも知れない。しかし実際の所は「オフィスで役立つ計算ユーティリティ」といった意味どころの製品だった。

アプリケーションを起動するとMacOfficeが持つ作業メニューが一覧で表示されるがそれを見ればこのソフトウェアが何のための製品なのかはすぐわかる。それらを拾ってみると「ローン割賦返済のための計算」、

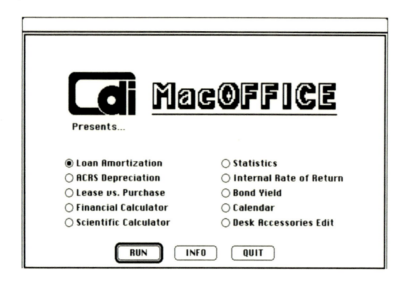

「利益率の算出」、「証券利回りの計算」などがあり「カレンダー」として日数計算などのメニューもあるものの総じてビジネス色が強い内容だ。

　ユーザーにとってこれらのすべてが常に必要であるはずもないが、必要な機能をデスクアクセサリーに組み込んでおけば便利なはずだしその機能も持っている。しかしあらためてこの当時のアプリケーションを眺めてみるとそのほとんどがシンプルであるだけでなく地味なのには驚く。地味ではあるが、どこかの誰かにとっては確実に必要なソフトであり毎日使われていたのかも知れない。

　また現在の脂肪肥りした巨大なアプリケーション類に慣れすぎてしまった自分を発見して複雑な気持ちにもなる……。

KidsTime

発売元 ▶ Great Wave Software
　教育用ソフトウェアに力を入れていた Great Wave Software は Crystal

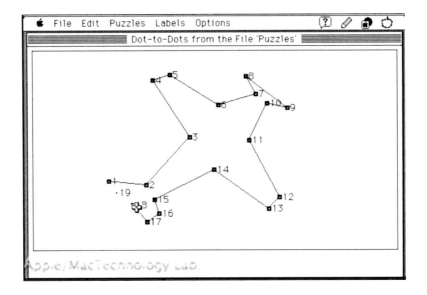

　Paint、NumberMazeなど幾多のMacintosh用アプリケーションをリリースした。それらの中でもこの「KidsTime」という製品は一番知られたものとなった。

　KidsTimeはその名の通り子供それも低学年の子供を対象にしたゲーム感覚のアプリケーションが5種類用意されている。それらを列記するとDot-to-Dot、KidsNotes、ABkey、Story WriterそしてMatch-itである。

　例えばDot-to-Dotというアプリケーションでは画面上に表示する点（ナンバーがふられている）をその番号順にマウスでなぞるとちゃんとした絵ができあがるというものだ。またKidsNotesではキーボードをマウスでクリックすることで曲を作りまたそれを再生することができる。

　KidsTimeはこのようにグラフィックとサウンドを屈指して飽きさせずそして遊びながら学んでいくことができるような工夫がなされていた。

Acta

発売元 ▶ Symmetry Corporation

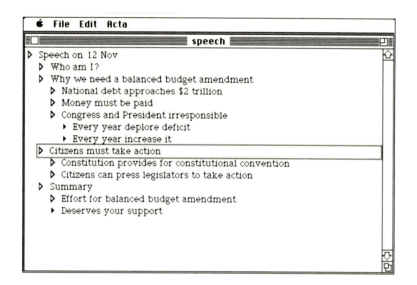

　「Acta」は一時期随分と活用した……。Actaはアウトライン・プロセッサだが、トピックと呼ばれるテキスト入力エリアを階層化でき、階層はマウスでいつでも変更できるという柔軟な使い方ができるテキストツールとして登場した。

　長い文章の計画を練ったり、考えが漠然としている段階から思いついたアイデアなどを書き連ねながら全体をまとめていくという使い方に特化した便利な一種のワードプロセッサと考えれば分かりやすい……。

　多くの人にとって一般のワープロでも同様な使い方をしている場合もあるがアウトライン・プロセッサはより企画をまとめていくのに適切な機能を持っているため一度使ったユーザーは手放せないツールとなり現在ではテキストツールにこのアウトライン機能を持つ製品も多い。

DeskScene

発売元 ▶ PBI Software, Inc.

　「DeskScene」も個人的に好きな製品だった。どんなソフトなのかといえばデスクトップを好みの絵に取り替えるユーティリティである。いまでこそコントロールパネルのアピアランスウインドウにあるデスクトップから文字通りデスクトップピクチャーを取り替えることが簡単にできるものの、当時のMacintoshはまだまだこうしたサードパーティの製品に頼るしかなかったのだ。

　またDeskSceneには10ファイルのデスクトップピクチャーが含まれていたが今見ると笑ってしまうような幼稚な絵もあるものの、ビデオデジタイザとかスキャナなども一般化されていなかったこともあり、付属の"虎"の映像には正直「凄いなぁ！」と感じたものだ。

Calculator Constraction Set

発売元 ▶ Dubl-Click Software

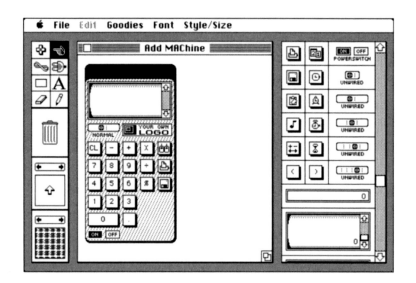

　Macintoshアプリの UI といえば思い出すのが「Calculator Constraction Set」だ。その名の通り、Calculator……すなわち電卓をデザインし組み立てることができるソフトウェアだ。もちろん作った電卓は Macintosh のアプリケーションとして実利用できる。

　Macintosh に標準装備されているデスクアクセサリの電卓が力不足なら「好みの電卓を作りましょう」というコンセプトのソフトウェアが Calculator Constraction Set だった。嬉しいのは操作途中においていつでもテストモードに入り、指定した機能が働くかを確認できることだ。思うように動作することを確認できたらその結果を独立したアプリケーションとして作成すれば作業は完了となる。

　Calculator Constraction Set は関数電卓など高度な計算を必要とする

電卓をも設計できる機能を持っているので実用的なソフトウェアだった。

StudioSession

発売元▶ MacNifty Central

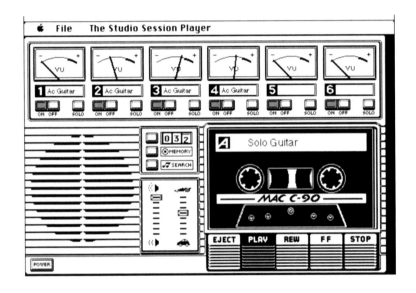

　Macintoshがグラフィックに強いパソコンであることは誰もが認めるところだろうが、サウンドにも強いということも事実だ。Macintosh 128Kや512Kの時代でそのことを感じたのはゲームである。ゲームに組み込まれた音がモノラルだったにも関わらず大変リアルで音が良く感激した覚えがある。そうした背景があったためか最初期の頃からMacintoshはアーティストと称する人たちに多く使われたという事実があった。

　さてそうした優れたハードウェアに優れたソフトウェアが乗るとこんな面白いことができるという典型的な製品のひとつ「Studio Session」だろう。何しろ演奏する曲目を選択し必要なインスツルメントを指定する

と楽曲をプレイするのはもちろんですがそのカセットテープデッキが本物よろしく動き出す。テープも回るしテープ残量も左側のリールは減り、そして右側のリールのそれは増えていく。そしてテープカウンターもカウントを増し、各トラックのサウンド出力に合わせて上部に並んでいるレベルメータの針もちゃんと振れるのだから驚きだ。

　音楽を再生するインターフェイスといってもこの種の超リアルな仕様がすべてであるとか最良のものであるかはともかく、このStudioSessionはMacintoshソフトウェアのひとつのエポックメイキングであったことは確かだった。

　事実最初にプレイしたときには小躍りして喜んだほど画期的で素晴らしい製品だしソフトウェアの可能性を知ったエポックメイキングなプロダクトだった。

1987年のリリースより

Cat・Mac

発売元 ▶ Phinex Specialties, Inc.

```
 ⬛ File  Edit  File Sort  Options  Windows  Help

                    Untitled Volume Listing
HFS  VOLUME NAME        FILE  FREE  LOK  MOD DATE and TIME   CRT DATE and TIME
 Y   DA-Switcher™        32   277  (●)  10/26/87 04:01 PM  09/20/87 09:54 PM
 Y   DAtabase™ Program   21    31  ( )  08/27/56 12:41 PM  01/21/89 02:23 AM
 N   MacSpell+™ Disk      3     0  ( )  08/27/56 12:51 PM  09/12/85 05:37 PM
 Y   MasterJuggler       17     4  ( )  04/24/94 10:39 AM  07/07/89 01:19 PM
 N   MenuFonts™          10    12  ( )  12/04/88 08:40 PM  03/09/87 05:12 AM

                      Untitled File Listing
TYPE   FILE NAME        CRTR   VOLUME:<FOLDER:NAMES>    MOD DATE and TIME    SI
TEXT  :**Read Me**      ttxt  DAtabas:............... 12/05/88 12:10 PM
PNTG  ::Address Art     MPNT  DAtabas:Tutoria:....... 11/08/88 10:38 PM
IcnR  :::Adobe Illustr… Iclt  DA-Swit:Icon-It:Templat 06/03/87 06:40 PM
PRER  ::AppleTalk Imag… IWRX  Suitcas:System........ 04/14/87 12:00 PM
Qxtr  ::Calendar        QBAS  DAtabas:Xtra Fe:....... 11/02/88 04:36 PM
CLIP  ::Clipboard File  MACS  DA-Swit:System........ 04/14/87 12:00 PM
CLIP  ::Clipboard File  MACS  Suitcas:System........ 04/14/87 12:00 PM
CLIP  Clipboard File    MACS  MenuFonts™............ 01/04/86 01:00 PM
Qxtr  ::Clock                ┌─── Cat•Mac™ Status ───┐ 1/02/88 04:36 PM
TEXT  :Compatibili           │                       │ 7/01/89 04:34 PM
TEXT  Complex Examp          │ Number of Volumes Read: 7  │ 5/14/87 11:01 AM
IcnR  ::CricketDr            │                       │ 6/03/87 07:39 PM
DFIL  :DA-Switcher           │ Number of Files Read:  118 │ 7/29/87 02:34 AM
                             │                       │
                             │ Waiting for a Disk…   │
                             └───────────────────────┘
```

　「Cat・Mac」はそのディスクラベルにCAT・LOG FILE UTILITYと明記されているが、CATALOGをCAT・A・LOGにあてているのだろうか……。

　すなわちこのソフトはディスケットの中身をスキャンして収録されているファイルをそのボリュームとファイルという形に分類し一元管理で

きるソフトウェアである。

使い方はいたって簡単。Cat・Macを起動後管理したいディスケットを挿入するだけだ。これでCat・Macはディスクの中身をスキャンしてリストに追加した後にディスクを自動的にイジェクトするという具合である。リスト表示されるデータはファイル名の他、ファイルタイプやクリエータあるいはファイルサイズなどで並べ替えができる。

実はこのCat・Macに関し私の感想だがその機能や利便性などによる記憶はほとんどないのだがなかなか完成度の高いスタートアップやにやら額に飾ると相応しいとも思える大げさなアバウト表示などが記憶に残っている。それからやはり猫好きの一人としてそのアイコンは最も印象的なアイコンのひとつとして思い出される。

PixelPaint

発売元 ▶ SuperMac Software

カラー版MacPaintとして待望していた通りの製品が「PixelPaint」だった。1987年7月にロサンゼルス近郊のアナハイムで開催されたCGの祭典SIGGRAPH '87で初めてそのβ版を見たときには心が弾んだ記憶がある。ただその時にはまだPixelPaintという名は知らされていなかったこともあり私はColor MacPaintと雑誌にレポートしたことが……。

Macintoshにはそれまでモノクロのペイントソフトしかなかったから「カラー版はどのような製品」で「どのようなオペレーション」になるのかに注目が集まっていた。しかし展示会場で見たものは正しくカラー版のMacPaintといってもよいほど違和感がなく使い勝手に優れたものだったので安堵したものだ。

ただしカラー版といっても当時は同時に256色しか使えない時代だったがPixelPaintは期待を裏切らない使いやすい製品だったし最高のキラーソフトだった。

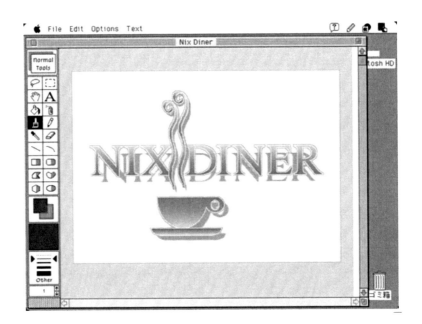

　ただ、カラー版のソフトウェアが登場したとはいえ、当時のユーザー環境はまだまだモノクロ利用が多かった時代である。そのため誤使用をさけるためだろう、綺麗にデザイン処理されているフロッピーディスクラベルに「ONLY BOOTS ON MAC II」という無骨なシールが貼られていたのも印象的だった。

　ちなみにメーカーのSuperMac Softwareは当時Scientific Micro Systems社のディビジョンにすぎなかったが翌年1988年にPixelPaintがアップデートしたときにはその後大活躍することになるお馴染みの社名SuperMac Technology社となっていた。

EGTalk

発売元▶エルゴソフト

エルゴソフト社といえばEGWordなどのシリーズでお馴染みのソフトハウスであり特にMacintoshの環境ではエーアンドエー社と共に日本語環境利用に力を注いだパイオニア的存在である。

「EGTalk」はそのエルゴソフトが「日本語通信ソフト」と銘打ってリリースした通信ソフトだった。当時は「パソコン通信」という言葉が新しい時代であった。そしてNIFTY-Serveなど大手の企業がこの分野に参入してくるまっただ中であり優秀なそして簡単に使える通信ソフトが求められていた。

さてEGTalkはモデムの標準通信規格となったヘイズ社が開発したSmartcom IIを目指した製品だといわれている。したがってSmartcom IIと同様に接続条件、通信条件、モデム、ターミナルモードやファイル

転送プロトコルなど通信相手別のシートを作成して記録しておくことができる。したがって実際には電話帳から簡単にオートログオンができたがあらためてその電話帳を見るとまだ300 bpsの通信スピードが使われていたのがわかる。

　なお私自身はNIFTY-Serveの最初からのシスオペとして直接パソコン通信に関わってきたが同じシスオペ仲間の山田浩大氏が開発したASL TALKを使わせていただいたのでEGTalkを含むいくつかの通信ソフトウェアを購入しながらもほとんどそれらを使い込む必要性は感じなかった。

Illustrator

発売元 ▶ Adobe Systems Incorporated.

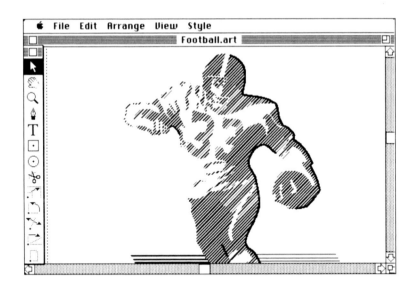

　いまでこそいわゆるフリーハンド機能などを装備し最強を誇る「Illustrator」だが最初のバージョンではアンカーポイントとディレク

ションポイントを操り、下描きとして読み込んだテンプレートをトレースする機能しかなかった。とはいえそれまでペイント系とかドロー系といったグラフィックソフトしか無かった我々には良くも悪くも衝撃だったことは確かだった。

　私は1988年に日本実業出版社から発行された『入門マッキントッシュ』（ジオデシック編著）において登場したばかりのIllustratorを「Illustratorの使用感はと問われれば、Ver.1.1に限って使い勝手は良くないと答えざるを得ないだろう」と評価した。ただし末筆には「Illustratorが真に私たちの道具になる日の近いことは十分に感じるし、一日も早くそうなって欲しいと念願する」と……手前味噌ではあるものの現在の隆盛を予感した記述を忘れなかった。事実、現在ではイラストレーターやデザイナーには不可欠のツールのひとつとなった。

Swivel 3D

発売元▶PARACOMP

　「Swivel 3D」はver.1.0のCopyrightがCreative Solutions Inc.と記されているものの翌年のver.1.1の時にはYoung Harvill VPL Reserch Inc.に変わり以後はPARACOMP社よりリリースが続いたカラー3Dソフトウェア。

　Macintosh IIになりカラーの魅力が生きてくるアプリケーションが次々と登場するが3次元グラフィックソフトもそのひとつとなった。

　現在の使用環境とは比較にならないものの小気味よく機能を絞り込み、容易なオブジェクト作成機能、簡易アニメーション機能、マッピング機能などを盛り込んだSwivel 3Dは使える3Dソフトの中のひとつであった。

　特に複数のオブジェクトを結合させひとつのオブジェクトとするような場合にそれぞれ各オブジェクトの特性を活かした結合が図れる機能は目を引いたものである。

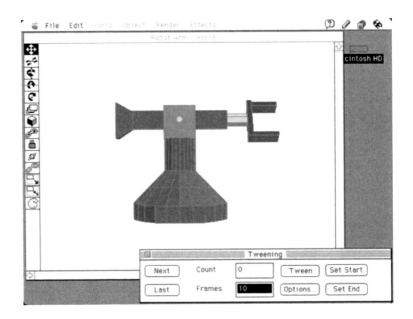

ディスクの中身を確認するとまだまだメモリを豊富に使える時代ではなかったため、メモリが1MBで動作するSバージョンと4MBで使えるLバージョンの2種類が用意されていたのがわかる。それらはアプリ名のバージョン表記の最後にあるLとかSで区別ができた。

Sensible Grammar

発売元 ▶ Sensible Software, Inc.

　Grammarとは文法のこと。したがって「Sensible Grammar」は英文テキストを読み込みその文法をチェックし間違いがあった場合には適切な表現を提示してくれるアプリケーションである。

　一般的にはスペルチェッカーと共に英文ワープロ利用時の必須アイテムと考えられている。そして現実に大変便利である。ただし日本語のワー

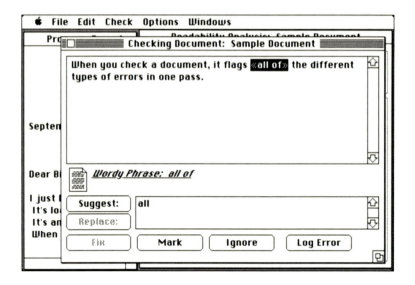

　プロ環境には電子辞書は一般的になったものの、文法までをもチェックしてくれるコンシューマー向け製品は当時ほとんどなかった。

　この種のツールを使うという概念がもともとないから最初に「文法をチェックしてくれるソフト」と聞いたときに思わず買ってしまったほど個人的にこの種の分野に興味があった。

　余談だが何故GRAMMAR（グラマー）が文法なのだろうかと気になった時期があった。確かもともとはギリシャ語でGRAMMAが「文字を書く」というような意味なのだと聞いたことがある。ともあれ、中学生のとき「グラマー」と聞くとどうしても連想するのは"glamour"の方だったが（笑）。

JAM SESSION

発売元 ▶ Broderbund

　JAMとは「愉快な、楽しい」といった程度の意味だから「JAM SESSION」という製品名はよくソフトウェアの意図を表しているといえる。

　JAM SESSIONはジャズとかクラシックあるいはロックなどなどいろいろなジャンルの音楽が収録されており、そのデータを読み込むとそれに適応したビジュアルが表示し音楽と合わせてそれらの絵が動くのが楽しい。

　もちろんそれだけでなくユーザーはキーボードからそれらの演奏にリアルタイムに参加することができる。例えばジャズの演奏場面なら手前にグランドピアノがありその向こう左にギター、そして右にベースを弾いているプレーヤーがいる。この状態でキーボードを押せばピアノの音階やサキソフォンの音などをリアルタイムに加えることができ、拍手の

1987年のリリースより

サンプリング音迄をも鳴らすことができる。すなわちセッションに参加できるわけだ。

　JAM SESSIONは本格的な音楽ソフトではなくあくまでエンターテインメントの製品だが当時は随分と楽しませてもらったものである。

MacGraphics（2.0）

発売元▶GoldMind Publishing

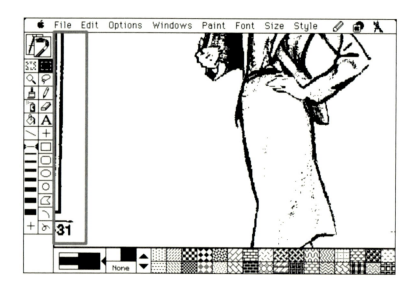

　Macintoshにより確立したアイテムというかジャンルのひとつにクリップアートがある。無論クリップアート自体はLisaの時代から存在したが……。

　さてクリップアートはご存じの通り通常は多くの（多くない場合もあるが……笑）絵を収録したもので、イメージスキャナやデジタルカメラが手軽に使えなかった当時、DTPなどの現場で手軽にカット&ペースト

で利用応用できるものとして重宝された。

　私が1984年に初めてMacintosh 128Kを本郷のイーエスディラボラトリ社で見たときにその画面にあったのが早くも登場したクリップ・アートのMac The Knifeという製品だった。このクリップアートには絵だけでなくフォント的なものなど多様なものがあるしクオリティが高い製品もあれば購入を後悔するような製品まであった。

　私は一時期ビットマップフォントと共にクリップアート類を集めた時期があり、かなりの種類の製品を見てきたが思わず笑ってしまうような製品があった。ここでは悪い見本をひとつ紹介しよう……。それが「MacGraphics（2.0）」というフロッピーディスク12枚組のクリップアート集である。

　12枚のディスクはそれぞれPeople、Transportation、Caricaturesなどとジャンル別に分かれているが収録されているアートの質は様々で、その多くはどこかの印刷物からスキャニングしたと思われるデータが多い。それはそれで良いのだが、例えばVolume #6のPeopleに収録されているWomenにある絵はあきらかにスキャナで取り込んだものだが、不要な部分を消すことを忘れてそのまま製品化してしまったらしい。

　この種の製品は作りやすいこともあり多様なメーカーが参入したが良質の製品はなかなか少なかった。

SoundEdit

発売元 ▶ Farallon Computing, Inc

　当時サウンド・サンプリングおよびエディティング用として一番活用したのがこの「SoundEdit」である。しかし当時の我々にはSoundEditというよりMacRecorderという名の方が通りが良かった。なぜなら「MacRecorderという製品を購入するとSoundEditが同梱されている」と認識していたからである。同種の製品にはSoundCap、SoundWaveといったソフトウェ

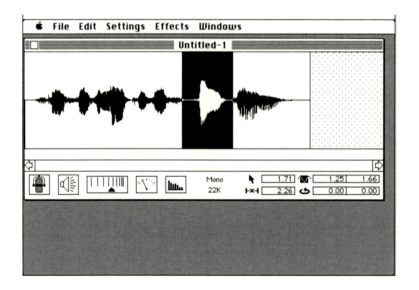

　アがあったが私にとって一番使いやすかったのがこのSoundEditだった。
　プログラマは著名なStive Capps氏が関わっており遊び心もユニークだ。なぜならAboutを選択すると何とそこには爆弾マーク付きのエラーダイアログが表示し、その爆弾が爆発するという仕掛けである。最初は本当にびっくりしたものだ。
　また最初にこの種のソフトウェアを見たときにはグラフィックあるいはテキストを編集するように音声データ（波形）をカット＆ペーストできることに驚喜したものだ。また簡単にピッチを変えたりエコーを付加したりができ、デジタルの面白さと便利さ凄さというものを実体験した思いがある。
　ともかく同梱されていたマイクロフォン内蔵で煙草の箱より一回り程度大きなベージュのハードウェアは私にとってアニメーションの効果音作りなどに大いに活躍した。ただしこのMacRecorderはシリアルケーブルによる接続なので現在のThunderbolt／USB搭載機器では使えないしまた必要ではなくなっている。

COLOR MOVIES DISK

発売元 ▶ MacroMind Inc.

　「COLOR MOVIES DISK」はアプリケーションではなくデータである。実はVideoWorksIIという後のDirectorに進化する以前のアプリケーション用のデータなのだ。

　このデータは確かMacworld Expoにおいてアプリケーションの VideoWorksII本体がUS$ 196で販売していたのにもかかわらずUS$ 300で売られていたという当時話題になった曰く付きのデータなのである。

　まだCD-ROMが普及していなかった時代でもあり大容量のデータを作り配布するのもなかなか大変な時代だった。したがってこのCOLOR MOVIES DISKもアニメーションデータだけでフロッピー5枚、そして

1987年のリリースより

サウンドデータ3枚の計8枚で構成されていた。

　VideoWorksIIはモノクロ版のVideoWorksのカラー版として登場した製品だがカラーのMacintoshにとって本格的なアニメーション制作が可能になった記念すべきソフトウェアでもある。

　しかしあらためて多くのソフトウェアをインストールし吟味をしていて気づかせられたことはそのサンプルデータの重要性である。

　我々ユーザーは購入したソフトウェアがどのような製品であるかは事前に知ってはいようがその使い方や機能をいかに短時間で知り得ることができるかが重要だと思う。またそのソフトウェアの可能性といったらよいのだろうか、自分の頭で考えている構想をどれだけ忠実に実現できるかを知らしめてくれなければ本格的な使用には至らないことも多い。

　VideoWorksIIのコンセプトや基本機能は手に入れる前に知ってはいたが「ここまでできる」ということを現実のこととして知り得たのはこのCOLOR MOVIES DISKのおかげだと思っている。そしてこのCOLOR MOVIES DISKを繰り返し見たことで制作意欲を高めることにも大いに役立った。

　しかし正直いえばあらためて十数年ぶりに見たCOLOR MOVIES DISKは懐かしいと思ったものの、その幼稚さに思わず苦笑をせざるを得なかった。当時はパソコンで作り得る最先端のはずだったが当時使っていたマシンはCPU 68030/16MHzのマシンにメモリを最大にしても32MBが限界というMacintoshを使っていたのだから時代の限界というものを思い知らされる。

RECORD HOLDER Plus

発売元▶ Software Discoveries, Inc.

　「RECORD HOLDER Plus」だが、この手のアプリケーションの使い勝手を文章で知っていただくのは大変難しいものがあるものの、あえて喩

```
🍎  File  Edit  Access  Report  Utilities  Font  Style  Help
```

Structure

| Company | Field name: [   ] |
| Product | ◉ Simple field   ○ Computed field |

Field type:
◉ text   ○ date   ○ picture
○ number   ○ Yes/No   ○ table lookup
○ money   ○ check box   ○ radio buttons

Validation/Data Entry Aids: [**Add Field**]

Default value: [   ]   [Delete Field]

☐ Can't be left blank   ☐ Auto-increment   [Replace Field]

☐ Carry over after Add   [Clear]

○ Convert to uppercase
○ Start each word with uppercase   [Done]

◉ Input pattern: [   ]   [Cancel]

えるなら最初期のファイルメーカーをイメージすれば分かりやすいかも
知れない……。

　その基本操作は新しいレコードを用意したら各フィールド名を入力し
た上でそのフィールドの特性を選択するという方法でデータ構築のため
のフィールドを構成することになる。

　したがってRECORD HOLDER Plusは住所録程度のものからインボイ
ス、パテント管理、在庫管理などなど多くのビジネスシーンにおけるテキ
ストデータベースツールとしてなかなか強力なアプリケーションだった。

　またテキストインポート機能およびTABとRETURNで区切ったテキ
ストエクスポート機能もある。

1987年のリリースより

Modern Artist

発売元▶ The Read Institute

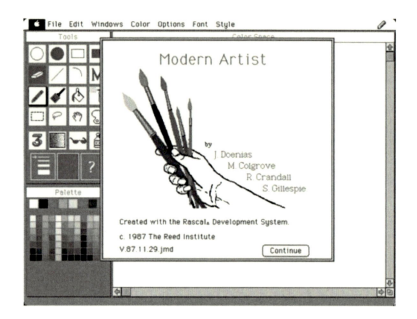

　1987年に初めてのカラーMac、すなわちMacintosh IIがリリースされたがソフトウェアの方はまともにカラーが扱える製品はなかった。しかしMacintoshには当初からグラフィックソフト、ペイントソフトとして使い勝手のよい製品が多かっただけに一日も早くそれと同等なオペレーションで使えるカラー版ソフトの登場が待たれていた。
　私は1987年7月27日から31日までの5日間、ロサンゼルス近郊のアナハイムで開催されたSIGGRAPH '87（最新のCG機器の展示会およびイベント）に出向く機会を得たが、その展示会場にはApple Computer社も出展しており、この「Modern Artist」や別項で紹介するPixelPaintなど

のβ版を見ることができた。

カラーソフトの登場は望んではいたものの高価なのだろうと考えていただけにModern ArtistにUS$ 149という価格が付いていたのを見て心から安堵した記憶がある（笑）。

さてModern Artistの特徴といえば256色同時カラーが使えるのは無論だが一番気になったのはそのインターフェイスである。MacPaint以降Macintoshのグラフィックソフトには統一されたインターフェイス感があったわけだがこのModern Artistは他のグラフィック専用機からの流れを感じさせる独自の作りであり多少の違和感を抱いたものだ。

また複数のカラーを混ぜ合わせる表現など後のPainterなどを思わせる機能も見られたが描写サイズがA4でなかったりとインターフェイス以外の部分でも使いづらいと思わせる点もあった。しかし待望されていたカラーペイントソフトの中では最初に入手できたものだけに（1987年の12月の中旬）思い入れも深い。

ARKANOID

発売元▶ Discovery Software Int., Inc.

「ARKANOID」はタイトーのライセンスを得て開発したゲーム。一言で説明するならブロック崩しのリメイク版である。

ブロック崩しは日本でもインベーダーゲーム以前、爆発的に流行ったゲームで上部にブロックそして画面下部には小さなバーがあり、この左右に動くバーでボールを弾きながらブロックを消していくという単純なルールがうけた。

ARKANOIDは単純なブロック崩しにプレーヤー側がパワーアップする機能と面の構成が変化するなどといった工夫がなされていてそのサウンドと共にプレーヤーを飽きさせずハマル度100%のゲームソフトだった。

DeskPaint

発売元 ▶ Zedcor, Inc.

「DeskPaint」はデスクアクセサリー型のペイントソフトウェアだが、その機能はなかなかのものがあり一時期は大変重宝していた。

それは何故かといえばひとつしか描写ウインドウが開けないDeskPaintでも複数のソフトとしてシステムに登録しておけば同時に複数のDeskPaintを起動し、その間でカット&ペーストなどができたからだ。

またこのDeskPaintはアプリケーションそのものではなく強い印象を受けたことがある。そのディスクラベル・デザインもなかなか印象的だが、そのラベルに「Please help us stay in business by NOT giving away copies of DeskPaint. We work hard to provide you with the finest software.」という文字がはっきり印刷されていた……。

大意としては「不法コピーしたDeskPaintを人に渡すことで我々の仕事に支障が出ることのないようお願いします。我々は最も素晴らしいソ

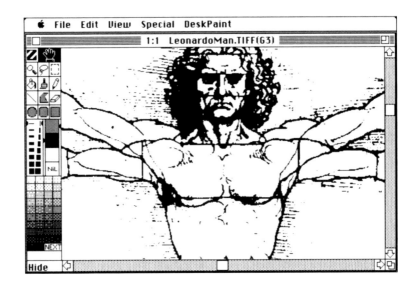

フトウェアをあなたに提供するために一生懸命働きます。」といったことだろう。

当時は私も単なる一人のMacユーザーとしてZedcor社の心意気に感じ入り、サンフランシスコのエキスポに行く度に同社のブースに立ち寄り新しいバージョンを購入した記憶がある。

ちなみに同社は姉妹品としてDeskDrawという製品もリリースしていた。

CrystalPaint

発売元 ▶ Great Wave Software

最初のMacintoshは搭載メモリが少なかったこともあり、なかなか実用的なソフトウェアの開発は難しかったと言われているがグラフィック系ソフトにはユニークな製品がすぐに出始めた。「CrystalPaint」もそうした製品のひとつであり、この頃手にしたアプリケーションでは個人的

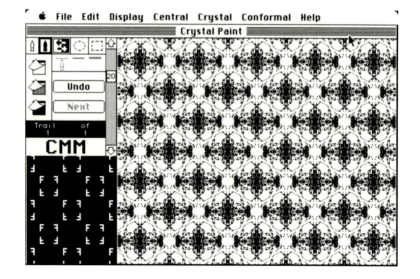

に気に入っていたものだった。

　内輪話になるがその後1992年に私の会社においてDIZZINESS（ディジネス）というパターン・テクスチャー制作ソフトを開発するに至る。これはまさしくCrystalPaintのカラー版というコンセプトを意識した製品であった。

　さてこの製品はPaintと名が付いてはいるものの、人とか花、そして景色などという具象的なものを描くツールではなく、壁紙や包装紙のように連続するパターン、模様を作成するツールであった。

　意図した通りのパターンを作るのも無論面白いがパラメータによっては考えもしなかったパターンが形成される様は大変刺激的で愉快だった。何故ならの種のことはまさしくパソコンなくしてはこれほど簡単にそしてリアルタイムに体験できることではないからだ。

　なおこの頃になるとさすがにハードディスクが普及し始めたこともあり、フロッピーディスクにシステムがインストールされることは少なくなってきた。事実このCrystalPaintにもシステムは入っていない。

電脳手帖

発売元 ▶ 演算星組

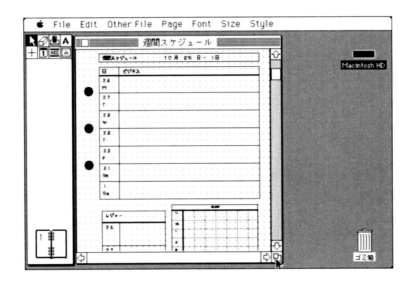

1980年代半ば頃から手帳、すなわちシステム手帳がブームとなった。「システム」という名につられてか、これさえ持てば日常の仕事はすべて上手くいくといった錯覚を持つほど猫も杓子も（失礼）システム手帳を追い求めた。特にリフィルと呼ばれる目的別にデザインされ取り外しが可能な用紙群はそれこそ数え切れないほどの種類が出て目を楽しませてくれた。現在も文具店などの手帳コーナーを覗けばその片鱗は十分残っている。

さて手帳、それもリフィルに懲り出せば行き着くところは決まっている。それは市販の製品では飽きたらず自分で作ってしまおうということだ。

「電脳手帖」はMacintoshでリフィルを設計し利用しようとする製品だ

1987年のリリースより

が、そこはあの「Mac書道」を生み出した演算星組なのだからして、多様なアイデアと仕掛けが用意されていた。

　ところで製品には「電脳手帖ダイアレット」というリフィル形式の小誌が付いており、評論家の紀田順一郎さんなどと一緒に私も「パソコン道具論〜Macは哲学の卵」という一文を載せさせていただいた。

Quickeys

発売元▶ CE Software, Inc.

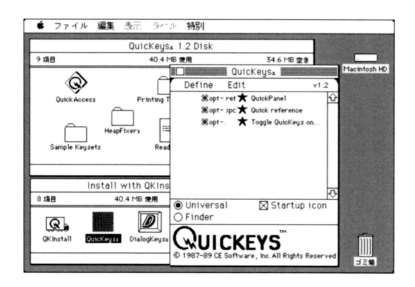

　Macintoshは昔からMS-DOSやWindowsと比較してバッチ処理に向いていないパソコンと言われていた。

　バッチ処理とはあらかじめ設定しておく一連の処理作業をまとめてパソコンに実行させることだ。もともと大型コンピュータで使われた概念だがMacintoshではAppleScriptの登場まで本格的なバッチ処理は確か

に苦手だったといえる。そんな不得手な部分を埋めるため登場し、多くのユーザーに支持されたのが「Quickeys」だった。

　QuickeysはMacintosh上で行う様々な一連の作業をキーボード・ショートカットなどとして登録・カスタマイズでき、煩雑なルーチン作業の軽減を図れるというコンセプトだった。

PYRO!

発売元 ▶ Software Supply

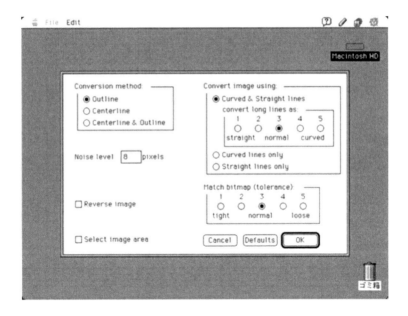

　「PYRO!」という火を意味するネーミングのソフトウェアはコントロールパネルに入れて使うスクリーンセーバーの最初期製品である。

　いまではスクリーンセーバーといえば多くのMacintoshユーザーは

AfterDarkを思い描くだろうがPYRO!の方が先輩格だった。

PYRO!は後にClock、Aquarium、Kaleidoscopeなど多用なスクリーンセーバーモジュールが用意されたが一番私が使っていたのはデフォルトとされていたFireworksすなわち花火の打ち上げモジュールだった。

Macintoshのオペレーションに疲れたとき、「ぽぉ〜」とシンプルなそのアニメーションを眺めていたものだ。とはいえこの頃の製品のグラフィックレベルは現在から見れば幼稚なものであったが……。

例えばAquariumは後のMarineAquariumなどに通じる熱帯魚が泳ぐモジュールだがあらためて見てみると「よくもまあ、こんなビジュアルで喜んだものだ」と思うほど幼稚な絵なのがかえって面白い。

ただしPYRO!が優れていたのは後に登場するAfterDarkより他のアプリケーションとのコンフリクト（機能同士が影響し合ってトラブルこと）を起こすケースが少なかったことだろうか。したがってしばらくの間は安心して楽しんだものだ。

110 | 1987年のリリースより

EGBook

発売元▶エルゴソフト

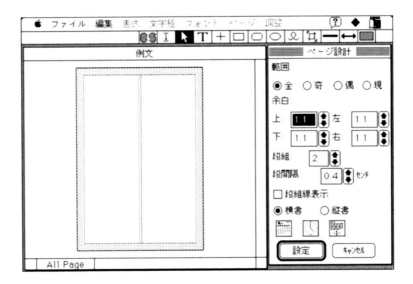

　「EGBook」はエルゴソフト初期のアプリのひとつだ。それはその製品名から推察できる通りDTP指向のアプリケーションで当時レーザープリンタなどが普及し始めた時期でもあり、社内報や簡単なチラシなどをMacintoshで作成すべく考えられたソフトウェアだった。

　グラフィックを混在できることはもちろんだが、縦書きや段組などができる本格的な仕様だったがバージョン1.0ではいくつかの問題もあり、実際にはバージョン1.3になってから安定した使い方ができたと記憶している。

　しかしDTP市場が大きくなるにつれ例えばPageMakerなどより機能の豊富な製品におされてなくなってしまったのは残念だった。

1987年のリリースより

Idea Driver

発売元▶エーアンドエー

「Idea Driver」は国産のハイパーテキストの概念をサポートしたオーサリングソフトである。ちょうどHyperCardのように……。

このIdea Driverは大河内勝司氏が開発したユニークな製品として日本のアプリケーション史上に名を残すものといえよう。ただ現実的には同時期にApple Computer社がMacintoshにバンドルの形でリリースしたHyperCardの存在がこのIdea Driverの存在を隠してしまったのは残念である。

Autosave

発売元 ▶ Magic Software Inc.

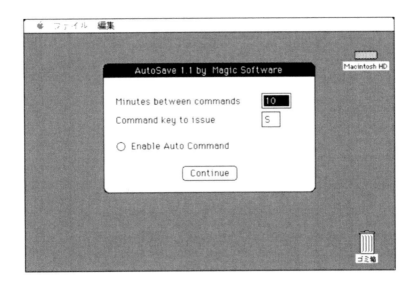

　現在macOSやアプリケーションの機能のほとんどを有り難いとも思わず当たり前として使っている感があるが、最初期はユーザーがオペレーションする中で必要だとする機能は単体で供給されたケースが多い。

　例えばこの「Autosave」もそのひとつ。

　AutoSave DAはその名の通り、現在使っているドキュメントの保存を指定時間ごとに自動的に保存するためのツールでありディスクアクセサリー（DA）として提供された。

　無論これは保存を怠ったために起こるトラブルを回避するのが目的だったが、ご存じの通り近年ではアプリケーション自身にこの種の機能を持つ製品が登場し、その寿命は短かった。

1987年のリリースより

1988年のリリースより

Color Magician

発売元▶スリースカンパニー

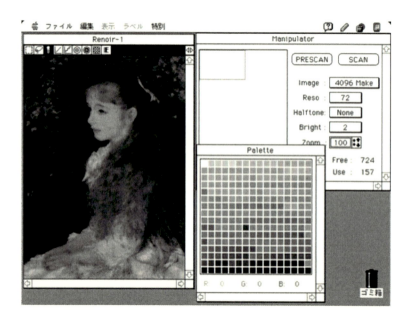

　小池邦人氏が開発した「Color Magician」はエプソンGT-4000フラットベッドスキャナとシリアル接続だったため、そのスキャニングスピードは遅かったもののすぐにSCSIカードが登場し1990年には（株）コーシングラフィックシステムズからColor Magician IIIとしてリリースされた。

なおColor Magicianは著作権が1990年にコーシンググラフィックシステムズに移ってからもスリースカンパニーが当初から一貫して販売およびサポートを行っていた。

Macintoshがカラーになってから対応アプリケーションが多々登場したもののその頃は写真などのリアルな映像をパソコンに取り込む手軽な機器がなかった。全然なかったというと嘘になるが、超高価なプロフェッショナル用の機器ならともかく一般企業はもとよりデザイナーや個人ユーザーが利用する画像入力機器はまだまだこれからといった状況だったのである。

しかしやれプレゼンだグラフィックだといってもすべてを手描きで表現できるわけもなし写真クオリティの画像をパソコンで扱いたいと考えるのは自然なことである。そんなフラストレーションが溜まりつつあるときにColor Magician IIは登場した。

といっても現在のようにMacintosh用のイメージスキャナがメーカーから販売されていたわけでもなく開発者の工夫とアイデアにより当時PC-9801用に発売されたばかりのエプソンGT-4000がMacintoshで使えるようになったのである。

ところで、あるときのビジネスショーで当時のエプソン社営業の方に非公式にお礼を言われたほどColor Magicianの存在はGT-4000の売り上げに大いに寄与したようだ。

それはそうだろう……何しろ最低ソフトウェアの販売本数分だけGT-4000がユーザーの手に渡ったと考えてもそれは自然な推測であろう。そしてたぶん一時期にはPC用としての出荷よりMacintosh用に向けられた台数の方が多かったと想像できるが、残念ながら当時のエプソン社側はそうした傾向をつかんでいなかったようだ。

それはともかくColor Magician IIは256色カラーパレットの調整はもちろん、大変使いやすい簡便なインターフェイスで印刷物をスキャニングできたのだから多くのデザイナーやクリエイターの方々は驚喜した。

1988年のリリースより 115

事実当時Macintoshは日本語処理に弱いパソコンであると判断されており（一時期はその通りだった……笑）、そのために販売戦略としてはその高度なグラフィック能力を売り物としていたのである。したがって当事者として僭越だがもし当時の日本でColor Magician IIおよびColor Magician IIIが存在しなかったら日本市場におけるMacintoshのブレイクはかなり遅れることになったと想像している。

TrueBASIC

発売元▶ True BASIC, Inc.

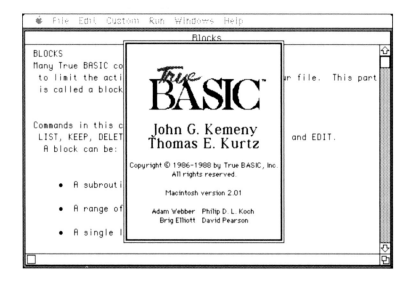

私自身随分とBASIC開発言語パッケージを買ったものだとあらためて驚く。この種の製品って新しいものを買うと何か新しいことができるような気分になるものだが、すぐに自分の能力は変わっていないことに気がつき挫折する（笑）。

なぜ現在までパソコンにBASICが存在するかについては言うまでもなくあのマイクロソフトのビル・ゲイツ氏が1975年にAltair 8800というホームコンピュータ用に書き替えたことがきっかけだと言われている。そしてBASICがマイクロソフトの発展に大きく寄与することになったし一時は「BASICを知らざる者はパソコンを語るなかれ」といった時代もあった。

　ところで大別すればBASICはマイクロソフト系のものといわばダートマス大学時代からの直系のものの2種類に大別できると思われる。1988年 True BASIC, Inc.からリリースされた「TrueBASIC」はダートマス大学系のBASICであり、BASICの最も進化した形式のひとつであってUNIXでも使われていたという。

DIGITAL DARKROOM

発売元 ▶ Silicon Beach Software, Inc.

　製品名からそのソフトウェアの機能や性格を推し量るのはなかなか難しいが「DIGITAL DARKROOM」は正しくデジタルの暗室という意味であり、現在のユーザーに一番わかりやすい説明をするならPhotoshopのグレイスケール版といったところか……。

　Macintoshは進化・進歩の過程において「モノクロ二値」の時代の後、Macintosh IIが登場し初めて256色のカラーあるいはグレイスケールの表示を可能にした。こう説明すると256色といった制限があるにしても何故わざわざグレイスケール専用のフォトレタッチアプリケーションがあったのかを不思議に思う人がいるかも知れない。

　しかしそうした思いは歴史のスケールを知った我々だから言えることで当時はいわゆるDTPに使用する良質の写真をいかに整えるかが急務だとは考えられていたが、ビジネス目的であればあるほどカラー写真は眼中になかった。

1988 年のリリースより ｜ 117

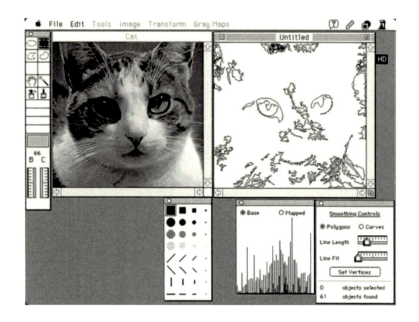

　DIGITAL DARKROOMはデジタイザやイメージスキャナで取り込まれた画像をDTPを始めとした他のアプリケーション使用に適した形に整える必要があった。すなわちトリミング、拡大縮小、明度やコントラストの調整、不要な部分の消去、画像の合成そして出力するプリンタに合わせた万線処理などのために必要なアプリケーションだった。しかし先発のLetraset社がリリースしたImageStudioと共にDIGITAL DARKROOMの活躍する時期は結果として大変短いものとなった。

　前記したように当時はDTP印刷を考えるにしてもカラープリンタは大変高価であったしモノクロレーザープリンタが実用レベルと考えられていた時代であった。しかしカラー環境が誰もが考えた以上に急速に進歩したこと、そしてグレイスケールはカラー利用環境に包括されていた機能であったためこの種のアプリケーションのほとんどはあのPhotoshopに……これまた急速にとって替わられたのである。

118　1988年のリリースより

MORE II

発売元 ▶ Symantec Corporation

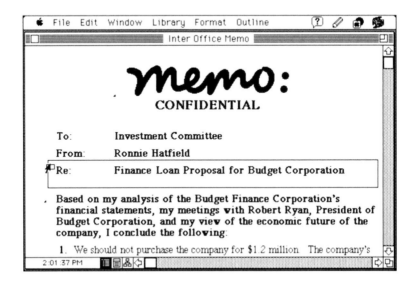

　MOREはLiving Video Text社がリリースしたアイデア・プロセッサであるTHINK TANKの進化した製品だ。

　ただしこの「MORE II」はMOREがTHINK TANKと同じLiving Video Text社からのリリースだったのに対してSymantec社から登場した。経緯は不明だがMORE IIはあきらかにMOREのバージョンアップであることは間違いない。

　MORE IIはTHINK TANKから引き継いだ大変使いやすいアウトライン・プロセッサ機能にプレゼンテーション機能やアウトライン・テキストから自動的にツリーチャートまで作成してくれる強力な機能をもつに至った製品である。

　これまでのアウトライン・プロセッサは例えばアイデアをまとめたとし

てもそれを第三者にプレゼンするための資料にするには別途グラフィックソフトなどを必要としたがMORE IIではそうした一連の作業がスムーズにそして容易に作ることができる点が優れている。こうして作成したビジュアルデータを含むページをスライドショーとして画面上に提示することができるわけだ。

　MOREはその後のAldus Persuasionや現在のPowerPointなどに先駆けた製品として名を残すに違いない。

MacWrite

発売元 ▶ CLARIS Corporation

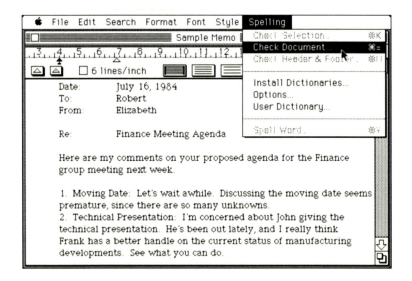

　ここで取り上げるMacWriteは1984年に登場し初代MacintoshにMacPaintと共にバンドルされたあのMacWriteではない。この「MacWrite」は1988年CLARIS Corporationからリリースされ英文ワー

120　1988年のリリースより

ドプロセッサの標準としてその後もバージョンアップを続けた製品である。

ご覧のバージョンは5.01でありもちろん日本語も入力できた。さらに英文スペルチェッカーを標準で装備するなどの工夫はあるもののこの頃になるとサードパーティ各社などから多種多様なワープロあるいはテキストエディタも登場してきたこともありさすがに純正品というだけでは支持されない時代となっていった。

ただMacPaintがその後のグラフィックソフトの指針となったようにMacintoshによるワードプロセッサ製品としての好例を示してきたMacWriteの功績も高く評価すべきと考える。

TurboJip

発売元 ▶ Bridge Inc.

1988年のリリースより | 121

日本語環境が整ってきた当時、日本語ワープロがいくつも登場したがそれらのアプリケーションと同じように、いやそれ以上に重要なのがFEPとか日本語インプット・メソッドなどと呼ばれていたいわゆる日本語入力プログラムだった。現在でもそうだがその善し悪しによって文章入力の効率は大きく違うわけだから多くのユーザーの興味が集中した分野だった。

　漢字Talk 2.0が登場したそんな1988年に「TurboJip」は登場した。それまでにもエルゴソフト社のEGBRIDGEがあったがこの後にDYNAWARE社のMacVJE、エー・アイ・ソフト社のWXII、サムシンググッド社のKatanaそしてジャストシステム社のATOKなどと幾多の日本語入力プログラムの登場が続くことになる。

　なおTurboJip本体はコントロールパネルにインストールする形式だがプログラムディスクの他に専門辞書ディスクが付属しておりこちらには医学・機械・建築・固有名詞・電気電子・コンピュータといった分野別の辞書が収録されていた。

Lightspeed C

発売元 ▶ Symantec Corporation

　「Lightspeed C」は後にTHINK Cに至るまで……PowerPCが登場するまでの間Macintoshの開発言語の雄であった。しかしPowerPCへの対応に大きな遅れをとりMetrowerks社のCodeWarriorにその座を奪われてしまった。

　Lightspeed CおよびTHINK Cはエディタ、コンパイラおよびリンカ、そしてデバッガを統合した大変使い勝手のよい開発言語として支持されていたがMacintoshの開発環境はもともとCが主流であったわけではない。

　初期の頃はPascalが好まれていた。というよりAppleの開発のためのバイブルともいわれるInside MacintoshがPascalによる記述となってい

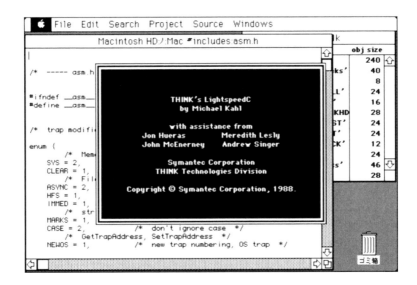

　たからだ。

　その理由はあのビル・アトキンソンにあるようだ。彼がAppleに入社しApple II用のアプリケーションなどを開発し始めた当時はAppleには開発言語としてBASICしかなかったといわれている。しかしApple II用のディスクドライブをスティーブ・ウォズニアックが開発し少しずつ環境が整い、より複雑で大きな規模のソフトウェアが求められるようになってきたこともあり、より強力な開発環境が求められていた。

　そんな頃、ビル・アトキンソンの母校であったUCSD（カリフォルニア大学サンディエゴ校）でUCSD PASCALが開発されたのをきっかけに彼はこれをApple IIに移植したという。

　その後、Apple IIIはもとよりLisaそしてMacintoshに至る開発環境はPASCALで書かれるようになった。

PHOTON Paint

発売元 ▶ Microillusions

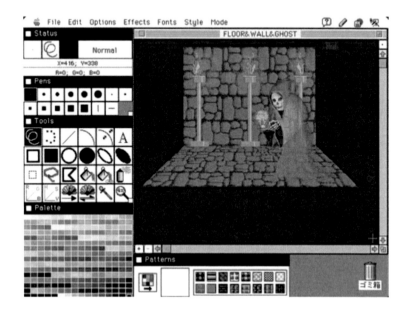

　新しいソフトウェアが発売されるといまではその機能や仕様を含めて大半のことが事前に分かる。まさにインターネットの時代であり情報は好まなくても入ってくるほどだ。しかしMacintosh IIが登場しカラー化が進んでいたにしても当時は今と比較すると驚くほど情報が得られなかった。

　当時は大手メーカーの情報なら雑誌などでまずまずの内容は得られたがマイナーな製品情報はほとんど入ってこないため、何はともあれ実物を入手しなければ始まらなかった。もちろん詳細なことは購入者自身、パッケージを開けるまで分からなかったといってもよい（笑）。そうし

たソフトウェアをインストールし、ワクワクしながらアプリを起動する気持ちはご理解いただけると思うが、自分で選んで購入したものの「なに、これ!?」と思わずつぶやいた製品も数多かった。真にリスキーな時代だったのである。「PHOTON Paint」も私にとってはそうした部類の製品だった。

　私はまずその名前に惹かれた。"Photon" とは文字通り「光子」のことだとするなら、何か凄い機能が備わっているのではないかと想像期待したわけだ。しかし起動した結果凄かったのはその画面周りのインターフェイスであった。そのMacintoshらしくない仕様はなかなかのもので、あのModern Artistなど可愛いものだと思えるほど私には異様に見えた。

　まず第一にツールパレットが大きすぎて描写ウインドウと重なり大変使いづらい。そしてそのひとつひとつのアイコンデザインも垢抜けていない。しかしペイントソフトウェアとしての一応の機能は網羅しているようであり親切にも？モノクロバージョンのアプリケーションも同梱されている。

　「見かけに惑わされず、まずは使ってみよう」というのが私のポリシーだったが、どうにもこの画面周りを見てしまうと「見かけだけで使う気にならない」ためすぐにハードディスクから消去した記憶がある。

Shufflepuck Cafe

発売元 ▶ Broderbund Software

　「Shufflepuck Cafe」は文字通りのエアホッケーゲームである。

　この手の製品は知らない人に説明するのが難しい部類のものだが大昔に「東京フレンドパーク」という関口宏司会のTV番組でホンジャマカの2人とゲストが対決するあのゲームだといえばお分かりになる人も多いと思う……古すぎるか（笑）。

　さてこのShufflepuck Cafeもホンジャマカの扮装以上にユニークな連

中がプレーヤーを待ちかまえている。ロボットもいれば怪物もいるし宇宙人みたいなものや魔法使いのお姉さんといった個性豊かな相手と対戦することになる。

　エアホッケーゲーム自体は単純なルールだが気がつくと熱くなっている自分を発見するといったタイプのゲームだ。しかし、飽きるのも早かったけど。

MindWrite

発売元▶ Access Technology, Inc.

　「MindWrite」はワードプロセッサ、アウトライン・プロセッサそしてドキュメントマネージメント機能までをもサポートした高機能なドキュメント作成ツールである。

　この製品は日本語が通らないので残念だが、グラフィックも挿入できる使い勝手がよいアウトライン・プロセッサだった。階層化した段落はマウ

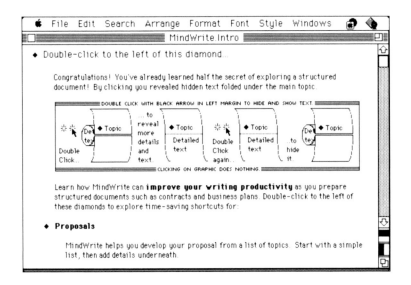

スだけで入れ替えたり順序を変更することが簡単にできるのでMacintoshで一般的になったツールである。

なお初期の頃はアウトライン・プロセッサはアイデア・プロセッサなどと呼ばれることもあった。

Drawing Table

発売元 ▶ Broderbund Software, Inc.

「Drawing Table」はMacの画面を製図板とするドロー系のアプリケーションである。

一口にMacで絵を描くといってもスケッチのような表現を目的とするのではなく製図的な描写をしてプリンタに綺麗に出力したいといった部類の用途がある。例えば本格的なCADはともかく間取り図や地図などがその典型的なものだしその他にもロゴデザインとか住所シール、そしてレターヘッドの作成などなどがあげられる。

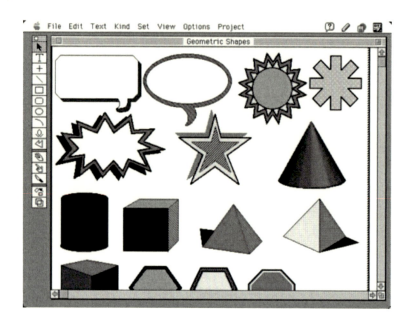

　Drawing Tableのアバウトデザインを確認するとそこにはコンパス、定規および三角定規がデザインされておりこのデザイン自体が製品の性格を的確に表しているといえよう。まさしくDrawing Tableはコンパスや定規といった道具を使う描写に向いているソフトウェアなのである。
　しかしプリンタ出力といってもこの頃はImageWriterというアップル純正のドットインパクト・プリンタが主流であったこともあり、現在のプリンタによる印刷結果を想像してはならない。したがってカラーが扱えるにしても現在のようなフルカラーではなくカラーリボンで印刷する結果と違和感がないよう限られた色数しか用意されていない。とはいえ、例えばオレンジ色はカラーパレットにはないものの、塗りつぶしパターンを白黒交互50％に指定した上で黒側に赤色を設定、そして白側に黄色を設定すれば網点印刷の効果としてオレンジ色の表現を出せるといった具合にいろいろと工夫できるようになっていた。

さて、Drawing Tableの利点はドロー系オブジェクトの扱いに徹した
そのインターフェイスである（インポートではPICTの他、PaintとEPSF
が扱える）。

　例えばすでに画面に描かれたオブジェクトの領域をダブルクリックし
てもそれがフォント領域なのか、あるいはパターン領域なのかによりその
結果が違ってくる。そしてダブルクリックした領域がフォントならFont
Familyダイアログが表示しその場でフォント変更やスタイルそしてサイ
ズやカラーを即変更できる。またダブルクリックした領域がパターンな
らAttributesダイアログが表示しパターンのカラー変更などが即可能に
なるといった具合だ。

　オブジェクトはルーラーに従って配置でき、拡大縮小はもとよりその
前後関係の指定、回転などがスムーズに指定できた。

Microsoft QuickBASIC

発売元▶ Microsoft Corporation

　「Microsoft QuickBASIC」はBASICのわかりやすさを踏襲しながら構
造化プログラミングができるようになった開発言語だった。

　構造化プログラミングとはプログラミング技法のひとつだが、その名
の通りプログラムを大きなブロックにわけて構成し（ブロックはなお細
かなブロックで構成される）GOTO文の使用による分かりにくさを回避
できる。

　もともとBASICとは "Beginner's All-purpose Sysmbolic Instruction
Code" の略（こじつけという説もあったが……）で主に8-bitパソコン時
代に普及していたプログラミング言語である。そしてそれらは命令を1
行ずつ逐次解釈しながら実行するインタープリタという形式がほとんど
だったがその後コンパイラ形式のものも登場している。

　このMicrosoft QuickBASICも一世を風靡したがMicrosoft社は昔から

1988年のリリースより | 129

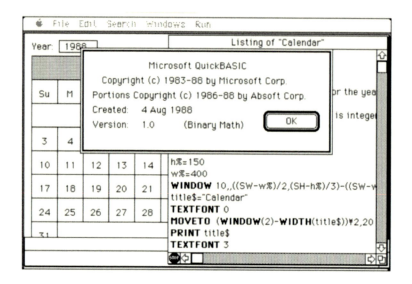

Macintosh対応の製品を投入し続けていることは確かである。

PhotoMac

発売元▶ Avalon Development Group.

　Macintosh IIすなわちカラーのMacintoshが登場してからしばらくすると面白そうなカラー用ソフトウェアが立て続けに登場するようになる。しかもModernArtistがそうであったようにMacintoshのために新たに開発されたというより他機種のアプリケーションから移植されたと思える製品もリリースされ始めた。

　「PhotoMac」という製品もそうしたもののひとつだったが、サンフランシスコのExpoで購入したものだ。ただしPhotoMacはModernArtistとかPixelPaintなどとは違いペイント系アプリケーションではなくPhotoshopと同種のフォトレタッチを志向したグラフィックソフトウェアであった。

　したがってグラフィックデータの一部を切り取り、他のグラフィック

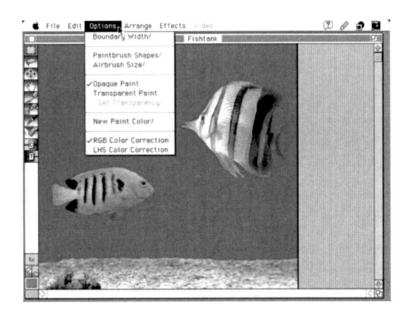

データと合成させるといった向きに便利なツールだったが、どうにもその独特なインターフェイスは使いづらくハードディスクにインストールはしたもののすぐに使わなくなってしまう類の製品となった。そして事実、日本市場ではほとんど話題にもならなかったと記憶している。

　プログラムディスクの他にimage one、image twoというように3枚のデータディスクが同梱されていたが1枚のフロッピーディスクにはたったひとつのデータがあるだけ……。「カラーのデータはそんなにも大きいのだ」と認識を新たにした時代だった。

Mac VJE

発売元 ▶ DYNAWARE

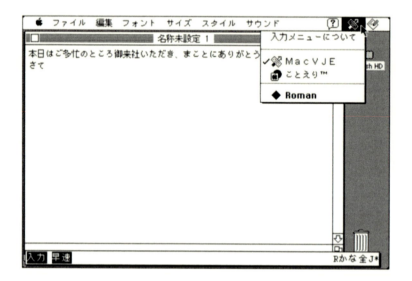

「Mac VJE」は日本語変換ツールである。このMac VJEが登場した1988年は漢字Talk 2.0が発表された年でもあった。これでやっとまともな日本語利用環境が使えると喜んでいたものの、当時のことえりは使い物にならなかった……。

特に多くのMacユーザーも個人としてはともかく会社などでは他機種の優秀なインプット・メソッドを使っているケースも多く、ことえりで満足したユーザーはまずいなかったと思われる。

その頃すでに多くのユーザーに支持されていたインプット・メソッドにはエルゴソフト社のEGBRIDGEがあったがMac VJEのクセのないその使用感に多くのユーザーが飛びついたといわれている。私自身、Mac版のATOKが登場するまでずっとこのMac VJEを愛用していた。

Cricket PAINT

発売元 ▶ Cricket Software, Inc.

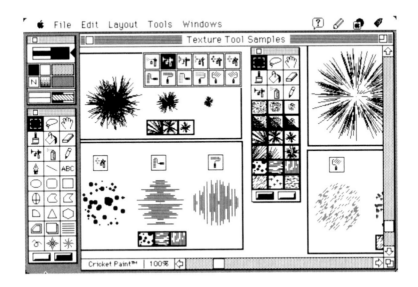

「Cricket PAINT」はNu PaintやAmazingPaintなどと同じくモノクロ時代最後に咲いた最高のペイントソフトウェアのひとつだといえる。1984年のMacPaintを皮切りに4年でここまで完成度の高い、そして使いやすいペイントソフトウェアができあがったことに感激したものだ。

Cricket PAINTの特徴をあげればきりがない。とはいえ主なものをあげればまず描写だが、いわゆる確定するまでペイント系でありながら描いたパターンはひとつのオブジェクトとして扱われることだ。したがってドロー系のそれと一緒に描いた後の移動はもちろん大きさや縦横比なども変更することができる。

ふたつめはもともと多彩な機能を持っているCricket PAINTだがツールパレットを切り替えて独自のブラシツールなどを登録できる機能を持っ

ていることだ。

　特に私が好きだったのはペイントソフトとしての本分をわきまえつつ、他製品と比較しても大変ユニークで豊富なブラシやスプレーツールを備えていることだった。ひとつひとつのツールがそれぞれ大変魅力があり入手当時は飽きずにそれらを使いまくっていたことを思い出す。

　Cricket PAINTは後にColor Cricket PAINTとカラー対応のソフトウェアとなる。

Studio/8

発売元 ▶ Electronic Arts

「Studio/8」の8は8ビットカラー、すなわち256色カラーのアプリケー

ションであることを意味している。そしてStudio/8はその256色カラー時代の最も端正で完成度の高いペイントアプリケーションだといえるに違いない。幾多の素晴らしいソフトウェア製品をパブリッシュしたElectronic Arts社の面目をいかんなく発揮した逸品であった。

とはいえStudio/8はコケ威かし的な大業の機能を持っているわけではない。ペイントソフトウェアとして必要十分なそしていくつかの実用的なツールを装備しているまっとうな製品である。そしてほとんどのツールはこれまでMacPaintから綿々と続いてきた歴史と伝統ともいうべきインターフェイスと違和感がなく、そのためにあらためて多くのことを学ぶ必要がないことも利点だった。

特筆すべき機能をあえて記せば、ウインドウ上の任意の場所に置いておけるティアオフ・ツールメニュー、グラデーション、WaterColorすなわち水性ペイント機能、マスク機能などなどだが私がStudio/8で多く使った機能としてはFill Perspective Plane機能がある。これは画面に描いたパターンを画面ごと奥行き感のある疑似3D表示にしてくれるもので地面に敷き詰めたタイルなどという表現を至極簡単にしてくれた。

さてStudio/8については是非触れておかなければならないことがひとつある。それはMacintoshのソフトウェア製品の歴史においても特筆されるべき素晴らしいマニュアルを同梱していたことだ。昨今では考えられないことだがそのマニュアルは大変立派であり、本屋の洋書コーナーに置いてもひけをとらないようなまさしく書籍の形態を持ったものであった。

Studio/8はその後Macintoshのフルカラー化にともない、Studio/32というフルカラー版の登場を見ることになる。

Sun Clock

発売元 ▶ MLT Software

　いまでは世界時計なる機能はmacOSに組み込まれているが1988年MLT Softwareからリリースされた「Sun Clock」も世界中の現在時刻を世界地図と共に確認表示できるアプリケーションだった。そしてこのソフトはDA（デスク・アクセサリ）型のソフトウェアのため、他のアプリケーションを使っている時でも即利用が可能だったのでしばし何気にデスクトップに置いていたっけ……。

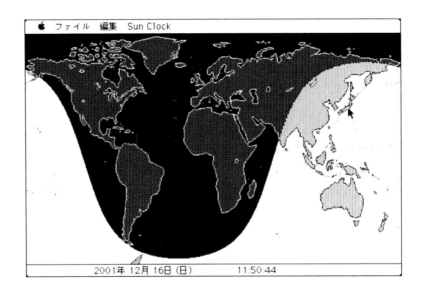

TURBO LINER

発売元 ▶ Bridge, Inc

　「TURBO LINER」は北海道の会社が開発した国産のアウトライン・プロセッサだったが、Macintosh版のアウトライン・プロセッサとしてはきちんと日本語が通る最初の製品ではなかったろうか。
　なおバージョン1.1まではキーディスクをフロッピードライブに要求するいわゆるプロテクトが施されていた。
　TURBO LINER自体はアウトライン・プロセッサの基本を押さえた当時として実用に十分な機能を持っていたが私自身はキープロテクトが煩わしくver 1.2になるまで使用頻度は高くなかったものの製品自体は多くのユーザーを確保したという。
　ただキープロテクトを廃止したver 1.2が登場した1990年頃になると米国生まれの同種製品も日本語化されはじめたこともあり急速に目立たなくなったがBridge, Inc.は別途Turbo Jipという日本語入力プログラム

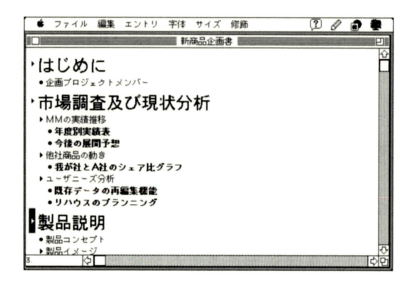

やTurbo Writerといった日本語ワープロも販売しMacintoshユーザーの中にも広い支持を得ていた時期があった。

VOYAGER

発売元 ▶ Carina Software

「VOYAGER」はInteractive Desktop Planetariumと銘打っている通り、Macintoshのモニタがプラネタリウムと化す魅力的なアプリケーションである。

　VOYAGERは私のように星座や宇宙に興味を持つ者にとっては魅力のある製品であり、これを最初に入手したときは小学生か中学生の頃、学校で配られた星座盤（って言うのかな）以来、空をじっくりと見上げるきっかけとなったものだ。本製品は英語版なので少々取っ付きにくいと思うが年月日および緯度経度を合わせればその時期時刻の星空が堪能できる。

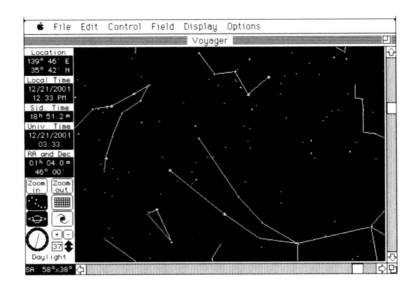

　私は満天の星といったものは大昔に伊豆の大島で過ごした夜の思い出くらいしかない。大げさでなくあれほど星があるのかということに驚かされたものだ。都会に住んでいては空気が汚れているのはもちろん、周りの照明が明るすぎて肉眼では明るい星しか見えない。そういえば数回通った渋谷の五島プラネタリウムも2001年閉鎖になってしまった。

NumberMaze

発売元▶ Great Wave Software

　「NumberMaze」はその名の通りいわゆる迷路ゲームの一種だがそれだけに終わらないところがユニークな製品だ。
　これは数を数えることを迷路ゲームを通して覚えさせるもので入り口からお城までの道程の迷路を通っていく中でいくつかの関門がありそこで問題が提示される。それらは果物の数だったり動物の数だったりするがその答えが正解でなければ次のステージに進めないような工夫がなさ

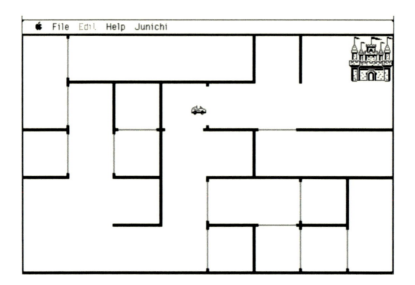

れている。

　オペレーションもマウスの扱いが分かっていればそれだけで遊べるようになっている。また要所要所のグラフィックは大変手のかかった魅力的なもので子供だましに終わっていないところは素敵だ。

　なおGreat Wave Softwareという会社は幾多の魅力的なアプリケーションをリリースしているが特に教育用向けソフトウェアに逸品が多い。

Hyper Animator

発売元 ▶ BrightStar Technology, Inc.

　「Hyper Animator」はその名の通りHyperCardを利用して手軽にアニメーションを利用するためのスタック。手描きの人物がしゃべる際にリップシンクするための唇のパターンなどが印象深いが実は1990年前後に私自身が撮影したサンフランシスコMacWorld Expoにおける8mmビデオを整理していたらその映像が登場していたのに驚いたことがある。

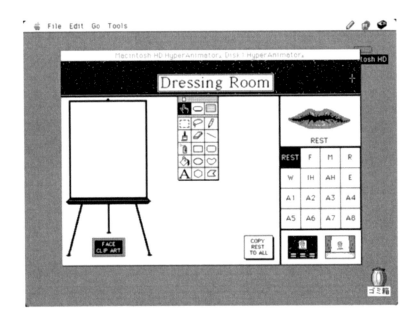

　1990年当時、Apple Computer社のCEOはジョン・スカリー氏だったが、彼の基調講演の場にこのBrightStar Technology, Inc.のCEOがビデオ出演しHyper Animatorを説明しているシーンがあったのだ。

　言うまでもなくHyperCardにより生み出されたスタックはそれこそ星の数ほどもある。当時HyperCardがもてはやされていたとはいえ、失礼ながらこのHyper Animatorが基調講演の場で紹介されるほど画期的な製品だとは思えなかったのだ（笑）。

　別にHyper Animatorをけなすためにご紹介したわけではないが当時のApple、当時のMacintoshをめぐる製品状況などが浮かび上がってきて興味深い。

1988年のリリースより | 141

KeyMaster

発売元 ▶ Altsys Corporation

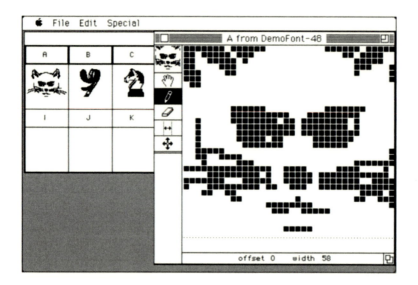

「KeyMaster」はキーボードに絵を組み込んで活用するというアプリケーションである。

現在でもキーボードフォントとして小さなシンボルをワープロ文書やグラフィックソフトで利用することができるが、KeyMasterはその先駆けだった。ただしキーボードフォントとKeyMasterが違うところは、KeyMasterはアイコンをデザインする要領でグラフィックをユーザー自身が作成できそれを特定のキーに割り振ることができる点が特徴！

Studio/1

発売元 ▶ Electronic Arts

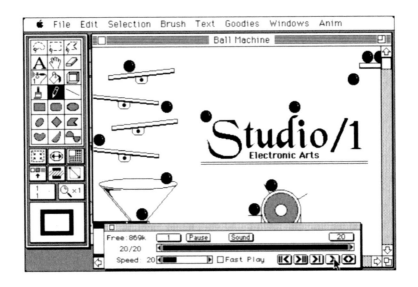

　Macintosh用の優れたアプリはそれこそ多々あるが最初期の中では1988年Electronic Artsからリリースされた「Studio/1」もそうしたうちのひとつ。ビットマップのグラフィックアプリケーション機能を持つだけでなくアニメーション機能を持っているのが特徴。基本的にはモノクロのペイントソフトといった感じなのだが描いたページ（セル）をパラパラ漫画のようにフレームとして記録していくことで簡単にアニメーション作品を作るように工夫されている。またStudio/1は説得力のあるサンプルが多数揃えてあることでも好感が持てる。

　そして個人的なことだが、この製品のアニメーションデータを書いた日本人イラストレーターが今は亡きあの池田友也さんであったことも忘れられないでいる。

1988年のリリースより

Test Pattern Generator

発売元 ▶ HOWARD W.SAMS & COMPANY

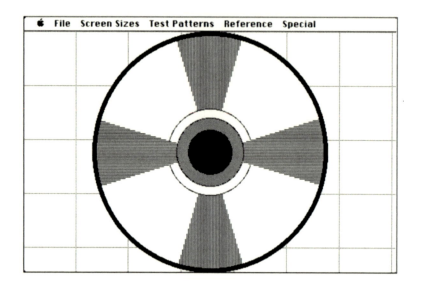

　最初期Macintosh向けのアプリはメモリが少なかったこともあり実用的なものは少ないと言われているがユニークで面白い製品も多々あった。
　「Test Pattern Generator」は文字通りMacのモニタを調整する際に役立つソフトだった。それはMacのモニタ性能を確認しかつ縦横比などを正確に調整するための文字通りテストパターンを表示……あるいは新たに作ることができるソフトウェアだ。
　さらにTest Pattern GeneratorではTest Voice Oneという機能もあり100ヘルツから10,000ヘルツまでの音を発しスピーカーの機能確認も可能だった。

1989年のリリースより

STRATA VISION 3d

発売元 ▶ Strata Inc.

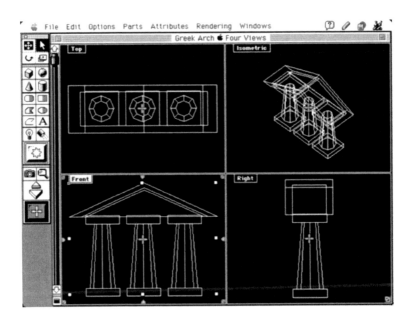

　3DソフトもMacintoshのカラー化に合わせて様々な製品が登場したがいわゆるMacライクで端正な3D製品といえばこの「STRATA VISION 3d」が一番なのではないだろうか。

　STRATA社は1988年創業で当初技術面を兄、そして経営面を弟が担

当してアメリカ・ユタ州セントジョージに設立された会社だという。

そのSTRATA社から最初にリリースされたのがこのSTRATA VISION 3dだがその後プロ向けというコンセプトのSTRATA STUDIO Proなどをはじめ幾多の関連製品がリリースされた。

しかし1999年STRATA社は米国C-3D Digital社に買収されたがSTRATA社創設者の一人でもあるKen Bringhurst氏によりSTRATA部門として製品開発・販売が続けられていた。

個人的にはSTRATA使いの名人といわれているイラストレーターのダバカンこと駄場寛さんの作品群が印象深いが、その有名な「ピンクのカバ」を代表する一連の作品群を眺めるだけでSTRATAの可能性が垣間見られたものである。

Print Magician II

発売元▶SDエンジニアリング

ちょうど私がコーシングラフィックシステムズを設立した年に相棒のプログラマ、小池邦人氏により開発されたカラープリンタアプリケーションである。販売は札幌の（株）SDエンジニアリングにお願いしたが、私自身も製品の印刷サンプルをスキャニングしたりテスティングを手伝った思い出がある。

その後1991年にPrint Magician IIIにバージョンアップした機会にコーシングラフィックシステムズから直接リリースすることになった。

さていまではカラープリンタを当然のことのように使っているが1990年前後の当時ではカラープリンタそのものが大変高価で一般的ではなかったこともありMacintoshの環境でもImageWriter IIというカラーリボンによるドット・インパクトプリンタがせいぜいだった。

しかしMacintoshの画面はカラーでありColor Magician IIなどのカラー画像入力システムも登場し我々はますます「印刷もカラーでやりた

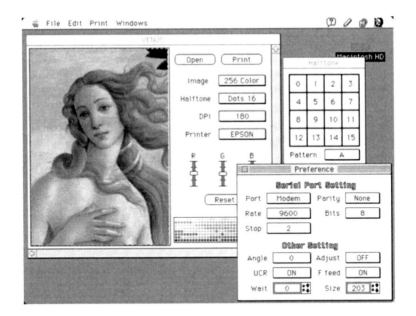

い」と思わずにはいられなかったのである。

　というわけでPrint Magician IIは当時比較的安価だったNEC系あるいはエプソンのESC/P系のプリンタをサポートしたコストパフォーマンス抜群の印刷専用ソフトとして登場した。もちろんImageWriter IIもOKである。

　Print Magician IIは最大A4サイズ180 dpi、そして4,096色中256色を再現することができた。そして印刷範囲の設定をはじめRGB色調節ボリュームを備え、ディザパターン編集機能まで備わっていた。

　現在のフォトクオリティの印刷結果と比較するのはナンセンスだが、そのいわゆる網点で構成される印刷結果には当時のユーザー諸氏は諸手をあげて絶賛してくれたものだ。面白いことにいまその印刷結果を見ても大変味があるように思える。

　写真と同様な印刷結果が当然と思われているいま、かえってこの手の

1989年のリリースより

印刷ディティールは暖かく逆に新鮮に見えるのかも知れない。

　それから余談になるがこのPrint Magician IIのディスクラベルにはボッティチェリのビーナスの誕生から拝借したビーナスの顔をデザインしてある。私自身1984年あたりから大好きなこの画像をあれこれとコラージュしたり印刷のテストなどに使っていたが後にAdobe社がIllustratorの製品イメージに使い始めたことを知って驚いたことがある。

SimCity

発売元 ▶ MAXIS SOFTWARE

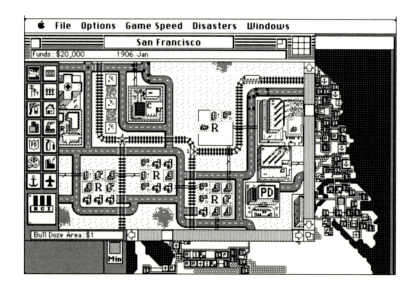

　パソコンでゲームを愛する人にとって「SimCity」を知らない人は少ないのではないかと思う。それほどSimCityは画期的であり我々を夢中にする名作である。事実時間を忘れることをSimCityで幾度か体験したものだ。

SimCity は "THE CITY SIMULATOR" と名付けられた通りプレーヤーが市長となり街を作り上げていく。自分なりの都市計画に基づき、建物を建築して街並みを整えて街を発展に導くのが目的である。

凄いのはその街並みがアクティブであることだ。グラフィカルな上に電車は動き道路には車が走り、道路の整備やその路線の作り方に問題があれば渋滞する。消防署が少ないと大火が起きたりもする。そして地震もある。

それまでのシミュレーションゲームではグラフィカルであってもゲームのバランスは数値で表現するしかなかったがSimCityは街の繁栄は街並みそのものを見れば分かる点が素晴らしくアニメーションを含むその画面を眺めるだけでゲームを進めていくことができる。もちろん街並みを見ただけでは分からないこと、例えば犯罪率などもあるがこれらに関しても市民からの苦情などを参考にできる。

ゲームを進めるほとんどがマウスだけでできること、そして何よりも自分の作り上げていく街が変化していく様をリアルタイムに確認できる点がこれまでのゲームにはなかったものだった。SimCityはゲームというカテゴリーだけに収めてはもったいないというか、そうした枠に収まらないソフトウェアではないだろうか。なおMacintosh用としてはその後Macintosh IIのカラーに対応したバージョンも登場した。

SPECULAR LOGO motion

発売元▶ Specular International.

いきなりだが、「SPECULAR LOGO motion」はとても良いソフトウェアである。

ディスクラベルに "Create Instant 3D flying Logos!" とある通りLOGO motionは簡単に高品位のフライング・ロゴを作るソフトウェアだ。フライング・ロゴとはテレビニュースや番組などの冒頭にタイトルロゴなど

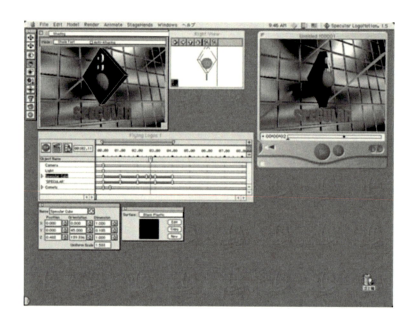

がアニメーションで表示されるアレである。

　ビデオやらデジタル作品などなど、何らかの作品にはやはり本でいう表紙が必要だし、例えばプレゼンテーションならその数秒でこれから見せる内容に興味を持ってもらう魅力的な導入部にもなる。

　しかしまあ……この種のタイトルに凝りすぎると下手すれば中身より時間がかかってしまうようなことにもなりかねない（笑）。それだけ良いものを作るのは大変なのだが、このLOGO motionは3Dのフライング・ロゴをインスタント的に作成するモデラー、レンダーそしてアニメーターという3つの機能を大変使いやすい形で提供した優れたソフトウェアである。

　基本的にバックグランドのPICTを設定し（黒あるいは白でもかまわないが）、システムにインストールされているTrueTypeフォントを利用してロゴを簡単に作る専用ソフトウェアだから、高度なモデラーは装備

していない。しかし基本的なオブジェクトエディタ機能があるし必要な場合には外部で別途作成してインポートできるので凝れば凝っただけの結果は期待できる。

　フォントを含むオブジェクトの作成と配置、それらに色や質感を与えた上でアニメーション設定しQuickTime Movie化すれば誰でもそこそこのフランイグ・ロゴができあがる……。

ULTRA PAINT

発売元▶ DENEBA SYSTEMS

　「ULTRA PAINT」は現在もリリースが続いているグラフィックソフトCANVAS（キャンバス）のメーカーであるDENEBA SYSTEMS社の

製品である。CANVASの開発の方が古く、このULTRA PAINTの方が新しい製品なのだがどういうわけかULTRA PAINTはすぐに市場から消えてしまった。

　1989年あたりから1990年全般はいろいろなカラーグラフィックソフトが誕生したがこのULTRA PAINTもそうした製品のひとつである。その"超"を意味するウルトラというネーミングも凄いがその機能も大盤振る舞い的に多彩で高機能なものだった。

　一番印象的な機能はSuperPaintのような使い勝手の良さはなかったもののレイヤーがコントロールでき、PaintとDrawそしてその2つのレイヤーをミックスしたCompositeモードを備えていることだった。

　またそのツールパレットも2つに分かれており上段には一般的なグラフィック関連ツールが揃っているが下段には独立したツールパレットがあり、これらにはいわゆる特殊なツールが豊富に装備されている。

　名前のStar Managerというほどではないが（笑）、星印をはじめ多角形を簡単に描写できる機能、クレパスのように重ねて描写を続けると濃くなっていくツール、そして後のPainterやMac書道を彷彿させるようなインクのボタ落ちのような表現も可能になる特殊ペンまたは羽根ペンツールなどが魅力であった。そしてオブジェクトをペーストする際にその合成表示方法（or、Xor、Bicなどなど）を簡単に指定することもできる。

　ULTRA PAINTはあらためて使ってみても当時の256色利用環境を別にすればある意味で十分ペイントツールとして使えるだけの能力を持っている製品である。したがってこの種の製品が現在残っていないのは心から残念に思うし、製品というものはその良さだけが生き残りの是非を決めるファクターではないという非情さをあらためて感じてしまうのは私だけだろうか。

　ディスクはProgramディスクの他、UtilityおよびSample Filesという合計3枚組の製品だった。

multi-Ad Creator

発売元 ▶ Multi-Ad Services, Inc.

　DTPすなわちデスクトップ・パブリッシングといえば最盛期ではPageMaker、QuarkXPress、あるいはinDesignといった製品が定番となっていた。しかし当時はまだまだそんな様相になるとはまったく分からない時代だったし事実多様なページレイアウトソフトが登場した。「multi-Ad Creator」はビジュアルな印刷物を作るのに向いていた。
　このmulti-Ad Creatorは私がサンフランシスコExpoに行き始めた頃に会場内のブースで見つけて購入し、その後しばらくバージョンアップを重ねた製品である。そして当時のページレイアウトソフトとしては大変有望なソフトウェアだった。
　ブースならびにパッケージもハイセンスだったしプレゼンテーションを見た限りでは自在で大変使いやすい機能と高機能を備えたなかなか素

晴らしい製品だったのである。したがってというか価格も他製品と比べて高価だったが日本語が使えないことを知りつつその魅力に負けて購入したものだ。

　今なら即いくつかの企業が争って販売代理権をとり日本語化をするのだろうが時代の壁は厚かったのか私が知る限りその後も日本語が通るバージョンは生まれず、ましてや日本で正式に販売されることはなかったようだ。

　ところで2002年のサンフランシスコExpoにおいて1コマと小さなブースながらMiltiAdという会社が北館に出展していたのを見つけた。multi-Ad Creatorをリリースしていた会社そのものなのかどうかはわからなかったが妙に懐かしかった。

PixelPaint Professional

発売元 ▶ SuperMac Software

　1987年にMacintosh用カラーグラフィックソフトとして早くもリリースされたPixelPaintだがその2年後にはこの「PixelPaint Professional」が登場する。その違いの第一はPixelPaintが256色カラー仕様だったのに対してPixelPaint Professionalは現在と同じく1,677万色フルカラーをサポートしたソフトウェアであったことだ。アップルはこのフルカラー化を32bit QuickDrawにより実現したが、知る限りではそれに対応したペイント系ソフトウェアとしてPixelPaint Professionalが最初だったと思う。

　マスク処理が容易であること、複数のファイルをMarge機能で合成表示できたりとPixelPaintから引き継いだインターフェイスそのままに強力に機能アップした点は評価されよう。

　実はPixelPaint Professionalという製品に関してはその機能などとは別に個人的な思い出がある。私はこの製品を1989年夏のボストンで開催されたMacworld Expoにおいて出展していたComputerWareという

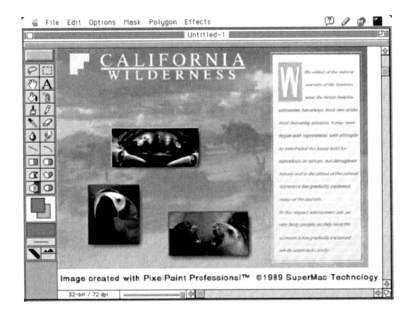

ショップで購入した。

　大変洗練されたショップでスタッフらの笑顔も特別に思えたがカウンター内にいる人たちとは別に購入に際してのアドバイスをしてくれる黒いブレザーを着たスタッフたちも配置しているという今では考えられないようなサービスをしてくれていた。

　そしてカード決済をし、PixelPaint Professionalを受け取るとき係の女性から「日本人か？」と聞かれた。そうだと答えると「日本語を話すInternational Accountsがいるから紹介しよう」ということになったのだ。ここでハタと気がついたのだが「Mr. Jeff?」と聞くと「Yes」という返事。

　実はその当時彼の名はNIFTY-ServeのMACUS-Jで見た名であり日本にも住んでいたこともある日本語が上手な青年という予備知識があったのだ。そして紹介された彼はさわやかで大変親切な好青年だった。名刺

の裏には日本語で「国際販売担当」と記されていた。

　昨今はコストしか念頭にないご時世のため、こうしたきちんとした対応をしてくれるショップやメーカーが少なくなったのは寂しい限りである。

ByWord

発売元▶ THE MINISTRY OF SOFTWARE

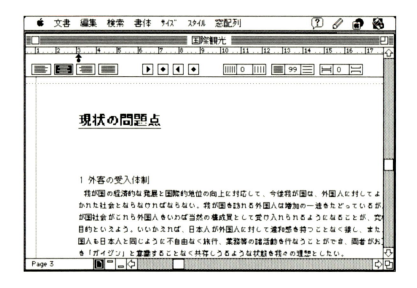

　現在では思いもつかないかも知れないがMacintoshは日本語対応に苦慮したマシンだった。

　もちろんその原因はメーカーが米国の企業であったことによるがMacintoshが日本に上陸し日本語利用ができるようになるまでの話は1冊や2冊の本にできるほど様々なドラマがあった。

　ともかくMacintoshを手にして一番使いたかったのは当時としても言うまでもなく日本語ワープロである。それまで渇望していたジャンルだっ

たこともあり私だけでなく当時のMacintoshユーザーはリリースされる
日本語ワープロソフトウェアはほとんど買うという人も多かった。

　それらの理由はいまひとつ他のマシン環境で動く製品と比較して使い
やすいと思われるものが登場してこなかったことによる。したがって「こ
んどこそ理想的なワープロではないか……」と期待しての購入の連続で
あった感がある。

　「ByWord」もそうした日本語ワープロの最も注目された時代に登場
した。いま思えば特に際立った特徴はなかったものの安定したオペレー
ションができる製品だったものの少々クセもあった。そして需要が急速
に肥大化したこともありコピーユーザーも目立つようになってきたため
かByWordには強力なコピープロテクションが施されていた。それは1
回ハードディスクにインストールするとアンインストールしない限り続
けてのインストールはできないというものだった。

　不正コピーは犯罪であり卑しむべき行為であるがこの種のコピープロ
テクトは正規ユーザーの使用感を損ねることにもなり多くの共感を得る
にはいたらなかった。メーカーもユーザーも試行錯誤の時代だったのだ。

　ByWordはその翌年「にばいわーど」という製品にアップデートする
ことになる。

NuPaint

発売元 ▶ NuEquation, Inc.

　後にご紹介するAmazingPaint（1990年）が素晴らしいペイントソフ
トウェアだとすればこの「NuPaint」は凄いペイントソフトウェアだと
いえる。

　この頃すでにモノクロのペイントソフトウェアは光を失いつつあった
がまるで新星が最後の爆発時に大きな光を発するがごとくNuPaintはモ
ノクロのペイントソフトとして最後に最高の光を与えてくれたのかも知

1989年のリリースより　157

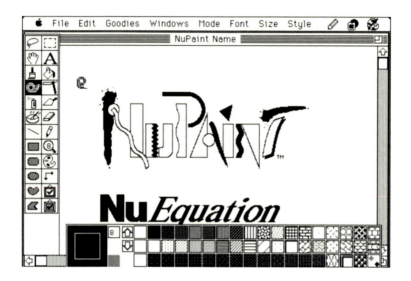

れない。

　さて、現在のPhotoshopしか善し悪しの判断を許されないような現在の環境は決してユーザーにとって最良の市場ではないと思っている。もちろんPhotoshopが悪いといってるのではないが、MacPaintからNuPaintそしてPhotoshopなどに至る数多くのペイント系ソフトウェアをつぶさに見てこられた私はいま、何て贅沢な時代を過ごしてきたのかと少々誇らしげに思うのだ。

SuperCard

発売元▶ Silicon Beach Software

　AppleのHyperCardに大変よく似たマルチメディア・オーサリングソフト「SuperCard」。HyperCardがついにカラーをサポートしなかったこともありHyperCardに魅せられた当時のユーザーはSuperCardの発表を聞きそのリリースを心待ちにしたものだ。

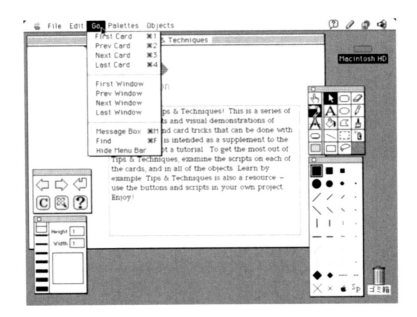

　HyperCardはHyperTalkという簡易言語によるスクリプトを記述して組み立てるがSuperCardではそれらをSuperTalkと呼び、HyperCardのスタックに位置するものをプロジェクトと呼んだ。

　余談ながら2002年の1月にサンフランシスコで開催されたMacworld Expo会場で見つけた奇怪でユニークなグラフィックソフト「GROBOTO」がSuperCardで開発されていることを知り、あらためてその能力の大きさを再認識した。

MacKern

発売元 ▶ ICOM Simulations, Inc.

　「MacKern」のKernとはKering（カーニング）のことである。そしてKeringとはご承知のようにDTPやワードプロセッサなどで文字と文字

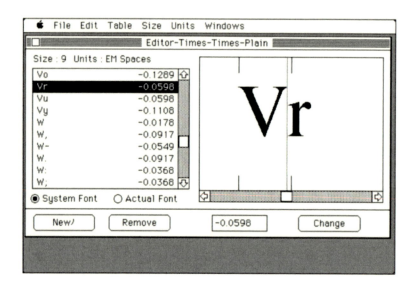

との間隔を調整して見やすく並べること、あるいはその方法をいう。

　漢字と違い英文字は均等に並べると大変間の抜けたことになる……。なぜなら例えばIとWでは文字の横幅がまったく違うからだ。

　後のAdobe PageMakerやQuarkXPressそしてAdobe IllustratorなどというソフトウェアではカーニングをサポートしているがMacKernはカーニングをサポートしていないソフトウェア上でテキスト入力する際、システムフォントなどに対して文字間隔の調整を可能としたソフトウェアである。

TypeStyler

発売元 ▶ Broderbund Software

　「TypeStyler」は個人的に大好きなアプリのひとつで現在も「Art Text」といった同種のアプリを楽しんでいる。

　TypeStylerはその名が現している通り、タイプフェイスを様々な形

でデザイン的にカスタマイズするためのアプリケーションであり文字スペース、大きさ、形状、並べ方、カラーやマッピング、そして質感に至るまで細かな設定を可能とする。

　当時のTypeStylerはBroderbund Softwareがパブリッシャーとしてリリースしていたが1990年にはBroderbund Japanがその日本語版を販売していた時期もある。また開発元のSTRIDER SOFTWARE社が直接販売を続けたもののひとつの不満は日本語フォントがまともに使えなかったことだ。

　実は「TypeStyler」のバージョンのほとんどはサンフランシスコのExpoで直接STRIDER SOFTWARE社のブースで購入したものだった。

PLUS

発売元 ▶ Format Software GmbH

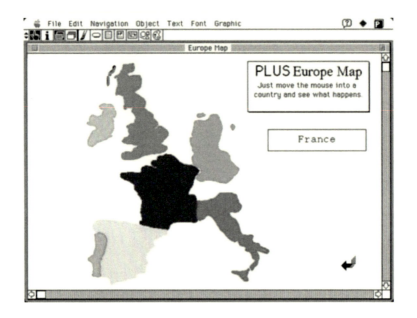

　「PLUS」はSilicon Beach Software社のSuperCard同様、HyperCardによく似たマルチメディア・オーサリングソフトでありHyperCardとの互換性もあるとされたソフトウェアである。
　PLUSはカラーが使えることが利点と考えられたが本家のHyperCardを越えることができなかった。その第一の原因はPLUSが当時の西ドイツで開発されたことと関係があるのかも知れないが、製品に対する情報がほとんど入ってこなかった。
　当時の我々はハイパーテキストの概念を持ったHyperCardを大変素晴らしいツールとして考えていたが反面不満や要望も多々あった。使えば

使うほどその種の要望は膨らんでくるものだ。

　そうしたとき、時を同じくしてSuperCardやPLUSが登場しHyperCard
を越えた利用を目指そうとしたのだが慣れや使いやすさもあるのだろう
が……結局HyperCardとAppleというブランドから離れられなかった。

　というよりHyperCardと比較してSuperCardやPLUSの方が優れた部
分があったにしても「HyperCard以前にはHyperCardはなかった」わけ
だしPLUSがいかに優れていても「HyperCardの類似品」として無意識
にも敬遠されたのかも知れない。

　PLUSという製品名の命名にしても私には「HyperCardよりなにがし
かのプラス」を意図した命名のような気がしたのだが……。

1989年のリリースより ｜ 163

1990年のリリースより

Ray Dream Designer

発売元▶Ray Dream Inc.

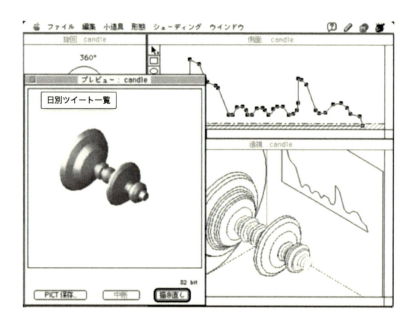

　3Dソフトはコンピュータに課せられた使命みたいなものかも知れない。現実には無いものをリアルに作り出すことこそコンピュータが一番頼もしく思えるひとときのような気がする。
　Macintosh IIが登場しカラー環境が整ってくると3Dソフトウェアも

続々と登場することになる。STRATA VISION 3d、Swivel 3Dなどがそうであり、「Ray Dream Designer」もそのひとつだった。

Ray Dream Designerはモデリングを行うLightForge、質感を指定するSolidTexturesそしてオブジェクトを目的に合わせて配置しひとつのシーンを形成するSceneBuilderで構成されていた。そしてソフトウェアは難くはないが独自のインターフェイスは少々慣れが必要かも知れない。

なお当時のMacintosh環境はメモリが8MB程度しか使えなかったこともありたいした作品はできなかったもののRay Dream Designerに同梱されていた良質のマニュアルは3次元グラフィックスの本質とポイントを理解するために大変優れた教材となった。

さてこのRay Dream Designerは米国のソフトウェアの宿命か？　その後Fractal Design社そしてMetaCreations社に権利が移り、初心者対象のRay Dream 3Dとプロ向けとされるRay Dream Studioに製品が分かれた。しかしその後MetaCreations社所有の他製品との競合を理由に開発が中止したと伝えられている。

Norton Utilities

発売元 ▶ Peter Norton Computing, Inc.

Norton Utilitiesといえば現在でもコンピュータの分析、構成、最適化、および保守を支援するために設計されたユーティリティソフトウェア製品として知られている。いわゆる常備薬的なツールである。ハードディスクの調子が悪い場合やフラグメンテーションの調整、間違って消してしまったファイルの復活などなど、日常起こりえるトラブルに頼りになるツールだがその歴史はすでに34年にもなる。

ただしそのバージョン1.0を見ても基本的なイメージはほとんど変わっていない。しかし重要なことがひとつある。

現在Norton UtilitiesといえばSYMANTEC社、SYMANTEC社といえ

1990年のリリースより | 165

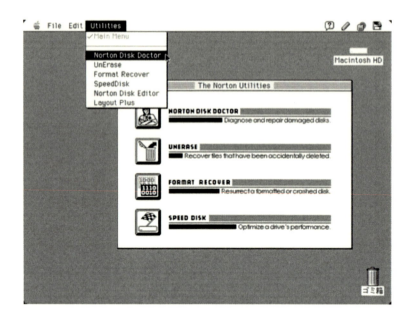

ばNorton……といったイメージがあるが実はこのNorton Utilitiesが登場した1990年時点ではリリースした会社名はPeter Norton Computing, Inc.というところだった。ちなみに1992年版の製品にはすでにSYMANTEC Corporationとあるから早々に権利が移ったのだろう。

マックライトⅡ

発売元▶システムソフト

　マックライトといえば最初のMacintoshにMacPaintと共に同梱されていたMacWriteを思い出すユーザーはすでにそうはいないだろう……。
　事実システムソフトから1990年にリリースされたこの「マックライトⅡ」と名付けられた日本語ワードプロセッサはMacWriteの名残を感じさせない日本仕様として登場しこの種の製品としては長く愛用されたソフトウェアのひとつであった。

　よりよい日本語ワープロの登場を願いつつ、新製品と見れば中身もよく確認せずに買い続けていた私もこのマックライトIIは5、6年間もビジネスの場で使った。もちろん高度なページレイアウトを必要とする場合にはページメーカーなどのお世話になったが、日常のビジネスレターには必要十分な機能を持っていたからである。
　ただし振り返ってみれば当時はそろそろ日本語ワープロソフトも行き着くつく所へ行き着いた感のある時期だったしマックライトIIでかなりの文書を作ってしまった事実もあり日本語ワープロについては環境の変化を求めたくない時期だったのかも知れない。
　ではマックライトIIに対して素晴らしくよい感想を持っていたかというと、そうでもないのだ。正直可もなく不可もなくといった機能だったしその頃はワープロそのものより日本語変換プログラム（FEP）に興味が移っていたようにも思う。

とはいえ先に「MacWriteの名残を感じさせない日本仕様」と書いたがMacintoshの最初のワープロであるMacWriteはApple Computer社のソフトウェア部門という立場で設立されたClaris社に移管され、そのリソースが綿々と続いてマックライトIIになったという無意識の思い入れが「素性の良いアプリケーション」というイメージにつながっていたように思える。

現在でもたまたま古いドキュメントを探すハメになると必ずといってよいほどそれはマックライトIIで書かれていた事実に思い知らされることになる。お世話になったソフトウェアのひとつである。

TESSERAE

発売元▶ Inline Design Nicholas Schlott

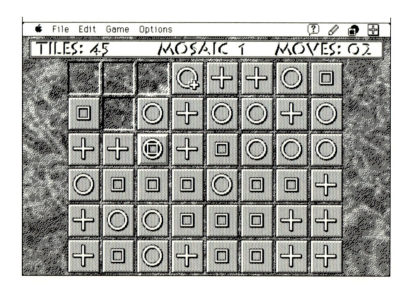

「TESSERAE」は画面上に並べられたブロックをルールにしたがい消

していくというパズルゲームである。

　TESSERAEとはモザイクを作るための大理石とかガラスあるいは準宝石などをキューブ型にした断片を意味するラテン語らしい……。そのため建材の商品名などにもその名は多いようだ。

　さてゲームだがゲームボーイ用などにも移植されたものがあるらしいがゲーム機に疎い私にはその辺の事情はよくわからないものの、このゲーム自体は私自身数回やってみたが熱中するまでには至らず、すぐに飽きてしまった（笑）。

VIDEO PAINT

発売元▶GM Technologie

1990年前後には多くのカラー関連ソフトウェアが登場した。今となってはカラーグラフィックスは当然のことだが当時はパーソナルコンピュータの未来に大きな期待がかかっていたしビジネスチャンスも大きいと捉えられていたからである。

　私自身一抹の不安はあるものの、Macintoshとそのカラー環境からどれだけ新しいソフトウェア、ハードウェアが生み出されるかに興味を持ちMacintosh専門の会社を作ってしまったのだがそれだけ市場の期待は大きく可能性を示唆するアイテムが続けて登場した時期なのだ。ただし反面、一発の打ち上げ花火で消え去るプロダクツもまた多かった。

　この「VIDEO PAINT」という製品も端正なパッケージとその製品名から受ける印象に期待したものの実用面ではあまり支持を受けられなかったのは残念である。

　Professional color painting and retouching with sophisticated special effects.と銘打ったこのVIDEO PAINTだが、決して動画を扱うソフトではない。

　スキャナドライバーを同梱していたことが示すように現在のPhotoshopのように写真やビデオからの静止画をレタッチするため、可変自在なカラーパレット調整機能を持った製品である。また製作した画像をExportする際のファイルフォーマット（PICT & CLUT、CMYK、Color TIFF5.0、TIFF5.0、Post Script.CMYK、LZW.Write）が多様なフォーマットを揃えていることでも単にVIDEO PAINTで作品を作り印刷すればそれで終わりといった使い方を志向した製品ではなかった。

　事実、Output Peripheralsというコマンドがあり、その中にWipe AnimationとWipe Playという機能がある。これらは2ページ分に描いたパターンをワイプ付きでページ送りをするものだが、この機能はモニタだけを眺めていても何ら有効性はない。例えばモニタをビデオ出力するようなことを考えて初めて生きてくる機能だと思う。VIDEO PAINTはそこまで考えた製品なのかも知れないが、それだけ一般ユーザーには難

しく映ったのかも知れない。

Color MacCheese

発売元 ▶ Delta Tao Software

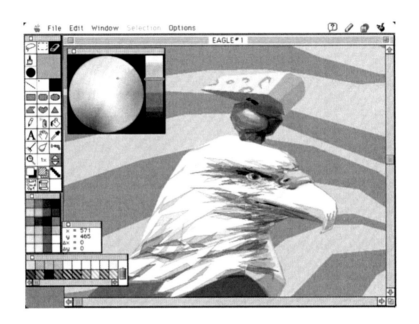

　1990年前後はカラーペイントソフトウェアが乱立気味なほどリリースされた時期だ。今その頃を振り返るとよくわかるがソフトウェアも他の商品と同じく様々な競争原理が働いてくるものだ。その競争原理の大きなものといえば言うまでもなく価格であろう。

　「Color MacCheese」は翌年に登場するColor It!と共に安価なカラーペイントソフトウェアとして認知を得た製品だった。例えばすでにご紹介したStusio/8（1998年）などは大変しっかりしたマニュアルを同梱し、い

わばカラーペイントソフトの三つ星製品とも評価されたがその価格はUS$ 495だった。そしてこれまた別項で紹介済みのPhotonPaint（1998年）は安価なイメージがあったがそれでもUS$ 299という値段をつけていた。

　対してColor MacCheeseの価格が正確なところいくらだったかについては資料が見あたらないので記載できないがサンフランシスコのMacworld Expoで確かUS$ 39という当時としては衝撃的な価格だったと記憶している。

　さてこうした紹介をすると「安かろう悪かろう」といった製品のように思われるかも知れないがどうしてどうして機能およびインターフェイスもカラーペイントソフトとしてのツボを押さえたしっかりした作りとなっていた。

　カラー選択の方法やパレット周りのインターフェイスは大手メーカーも見習う部分があると思うしツール類も必要十分なものが揃っている。

　私がColor MacCheeseで面白いと思ったのはツールパレットの中にShift、Cmd、Optという小さなテキストがあり、それをクリックすることで実際のキーボードを押したり離したりをシミュレートできることだ。この機能は慣れも必要かも知れないがなかなか使い勝手がよい素敵なアイデアだと思っている。

　それはともかく、何でCheeseなんだろうか……。Cheese paringで「しみったれた」という意味だしCheesyは「みすぼらしい」といった意味があるので安価なことを逆手にとった洒落なんだろうか？　でも繰り返すが内容は決してみすぼらしいことはない立派なそしてMacライクな製品である。

STUDIO/32

発売元 ▶ Electronic Arts

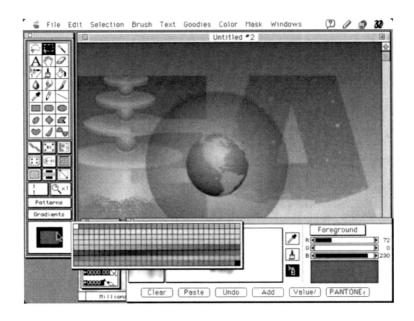

　8ビット、すなわち256色カラー版のStudio/8は1988年にリリースされたがその2年後に32ビットフルカラー版という位置づけでこの「STUDIO/32」は登場した。

　言うまでもなくSTUDIO/32はカラーペイントソフトウェアだがStudio/8からの機能やGUIの基本はそのまま受け継がれており完成度の高い製品となっていた。そうした基礎の上にカラーのミックス機能をより容易にしたりカラーパレットの使いやすさなどに力を注いだ結果が伺える。特にこの頃になるとそろそろ本格的なビジネス向けを意識する時代となっており印刷とそのための色指定・色合わせなどを考慮しPANTONEのカ

ラーサンプルが利用できるようになっていた。

しかしすでにフルカラーペイントソフトとしての機能面はこのSTUDIO/ 32を筆頭として、そろそろ行き着くところまで来てしまったほど機能豊富で使いやすくはなったが反面フルカラーになった分だけそのオペレーションは重くなっていった。何しろ1990年といえば市場における当時の最速マシンはMacintosh IIci（68030/25MHz）だったのだからご想像いただけるものと思う。

この頃はソフトウェアの理想とハードウェアの現実がかみ合わない時代だったのである。それからフルカラーペイントソフトとしての実用性は確立されたものの、ソフトウェアの魅力というか製品に対しての期待は段々希薄になっていった感がある。なおその頃からMacintoshには新たなユーザー層が多くなった反面、我々初期ユーザーから見ると最新最高の製品があたかも当たり前のように受け取られ、その有り難みも薄れてきたようだ。

なおStudio/8のリリース時には洋書とも思えるような立派なマニュアルが同梱されていたがこのSTUDIO/32にはそうした遊び心はすでになかった。

Video Magician II

発売元▶コーシングラフィックシステムズ

今ではパソコンでビデオから取り込んだいわゆるデジタル映像が扱えることに誰も不思議と思わないだろう。しかし1990年に私の会社（コーシングラフィックシステムズ）が開発した「Video Magician II」が登場したときはまだAppleのQuickTimeはまだ存在しない時代でありセンセーションを巻き起こした。

1989年にスワイヤトランステック社から持ち込まれたOrangeMicro社のNuBusビデオボード（Personal Vision）が私たちの興味をひいた。な

ぜなら当時はまだ256色カラーの時代だったためスキャナであろうがビデオから取り込む1枚のフレームであろうが「どのような256色でその1枚の画像を作るか」というカラーパレットの調整に神経を使う必要があった。幸いなことにそのボードはカラーパレットの調整も可能な優秀な製品であった。

　そうしたハードウェアに魅力を感じてビデオカメラから映像を一定間隔で取り込むテストを続けていたところ小さなフレームサイズなら秒間で10フレーム程度のビデオ映像をリアルタイムにハードディスクに書き込むことができ、それを再生することでいわゆるデジタルビデオが実現することに気がついたのである。それはMacintoshで初めてのデジタルビデオシステムが完成した瞬間であった。

　後にHyperCardのXCMDを同梱しパッケージ化された。価格は25万円だった……。

1990年のリリースより | 175

ENVISION

発売元 ▶ ModaCAD

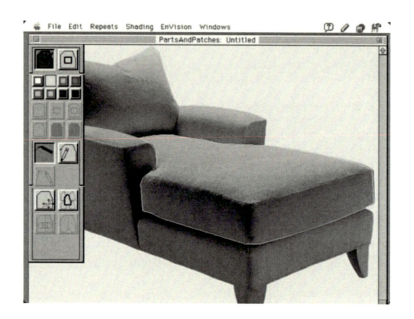

　ENVISIONとは「心に描く」とか「想像・空想する」ことを意味するようだがソフトウェアとしての「ENVISION」はユニークで面白い製品である。当時もありそうで無かった部類のソフトウェアだった。
　ENVISIONはlightingとshadingを組み合わせた独自のテクスチャーマッピング技術により、2次元の写真の指定範囲のパターンを別のパターンと自然な形で変更できるという製品だ。もう少し具体的にいえば、ここにソファーの写真があるとしてその柄を別のモノと取り替えることができる。ただし単にパターンを貼り替えるだけでは平面の柄模様になってしまうがソファーの曲線や光の状態を元写真のパターンと同様にリア

ルに表現できるという優れものなのだ。

この種のことは現在ならPhotoshopで可能だが、当時は室内装飾のシミュレーションや服飾品のデザイン企画などに大いに利用価値があった。

さてこのENVISIONはサンフランシスコのMacworld Expo会場内にあったModaCAD社ブースで初めて見た。大変高価なソフトウェアだったにもかかわらず「欲しい」と思う欲求がますます強くなり購入を決めたのだが、いざ担当者に声をかけてみるとこれが非常に感じが悪いのだ。

私は十数年米国のMacworld Expoに出かけて大小多くの企業ブースで多くの製品を購入してきた。そして英語の壁もあり思うような意志疎通ができないことを承知の上で製品情報などを聞き出すことを楽しみのひとつとしていたが、ほとんどのブースは来場者に大変親切である。しかしこの時のModaCAD社ならびに担当者の扱いは何といったらよいか、単に不親切というだけではなく人種差別……悪意があるような対応だった。

さすがの私もそのようなあしらいをされた上に高価なものを買うほどバカではないので購入を止めたものの帰国してから国内の代理店（株）サン・エンジニアリング経由で手に入れた……。やはりお利口ではないようだ（笑）。

Photoshop

発売元▶ Adobe Systems Incorporated.

現在では様々な分野においても「Photoshop」は必要不可欠の製品となった感がある。しかしそのPhotoshopも登場したときには他の新製品ソフトと同じく「売れるのか、売れないのか」「支持されるのか、されないのか」が不透明な普通の製品だった。Photoshopがここまで支持された要因は何かとよく考えるのだが、一番大きなことはやはりメーカーがAdobeだったということに尽きると思う。

大手だからきちんとした製品を作る……といった単純な図式を持ち出

1990年のリリースより | 177

すつもりはないが、これまでソフトウェアの寡占化と共に大手メーカーの製品が生き残っていく歴史を嫌というほど見てきた一人としてPhotoshopも例外ではないと思う。

　1990年にAdobe Systems Incorporated.からリリースされたVersion 1.0の「Photoshop」を起動し、あらためてその機能を眺め、1990年前後に登場した同種のソフトウェアと比較してみても、正直Photoshopが飛び抜けて優れてるという印象はない。

　Photoshopは周知のようにフォト・レタッチのアプリケーションとして登場したが、いわゆるアナログ写真なら暗室で専門の知識とそれなりの設備がなければできなかったことをコンピュータ上で簡単に可能としたものだが、今では絵やイラスト描写、そして何よりもAIを含む高度なフォトレタッチ機能に重きを置いた製品になっている。

　ということで本来のカラーペイントソフトといった他社製品たちのほとんどが市場から姿を消してしまった現在、Photoshopを使うしかない……

という傾向にあるのも事実である。ただしそのサブスクリプションの価格に不満を持つユーザーも多く、新たに登場した「Affinity Photo」に移行するユーザーも出始めているというが……。

AmazingPaint

発売元▶CE SOFTWARE,INC.

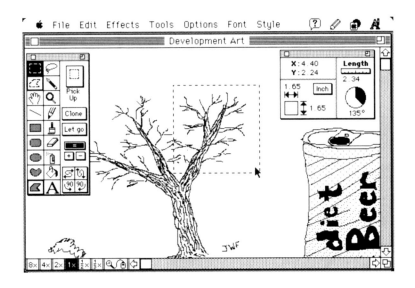

1987年に最初のカラー版MacintoshであるMacintosh IIが登場した。とはいえこの高価なカラーマシンにすべてのユーザーが即シフトしたわけではなく1990年代前半くらいまでMacintosh SEなどのマシンを中心にモノクロ環境も活用され続けていた。

とはいえペイント系のカラー版グラフィックソフトもいくつか登場した当時においてはかつて全盛をきわめたMacPaintをはじめとするモノクロペイントソフトたちにそろそろ陰りが見えてきたことも事実だった。

1990年のリリースより | 179

そしてそれは時代が確実にカラー環境を求めていたのだから仕方のないことでもあった。

「AmazingPaint」はそうした頃に登場したモノクロペイント系ソフトの最たる製品だが、機能面や操作性の良さを含め、この種の製品の最終形アプリケーションといってよい完成度を持っていたといえる。

ただし、AmazingPaintはまさしくその名の通り素晴らしいペイントソフトだったが登場するのが遅かった……。

MacLabelPro

発売元 ▶ Avery

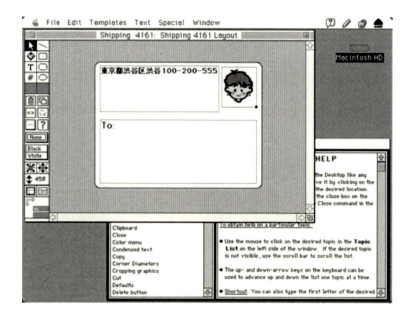

「MacLabelPro」はその名の通り各種ラベルによる印刷物を作るソフト

ウェアである。この種の製品は現在も多々利用されている通り根強い人気があり、事実必要とされている分野なのだ。

　Macintosh用のソフトウェアとしてもモノクロの時代からいくつかの製品が登場しては消えていったがSilicon PressやmyDiskLabelerなどはいまだに記憶に残っている……。

　このMacLabelProも今から見るとImageWriterというドットインパクト・プリンタとLaserWriterが登場した狭間の製品でありその両者をサポートしているものの現在のようなカラープリンタ全盛の時代からは"Pro"と呼ぶには首を傾げてしまう程度の作りといえる（笑）。

　いわゆるテンプレートの数も現在ダウンロードで供給される同種のラベル作成ソフトから見たらおもちゃみたいなものだがMacLabelProは遊びで使うというより、良くいえばスモールビジネスの日常で活用されることを意図した感がある。シンプルでまじめな感じがするが反面それは特徴が薄く面白みに欠ける点となっている。

　もちろんアプリケーションは英語版で丁寧なヘルプも英語によるが、グラフィックが扱えること、そして漢字Talk上での利用では日本語入力がきちんとできることもあってしばらく活用していた記憶がある。

MicroTV

発売元 ▶ Aappsw

　現在の最新型パソコンもテレビは無視できないようで一時期テレビチューナーを装備した製品も登場していた。

　Macintoshも過去にPerforma　6420やtwentieth　anniversary Macintoshなど、テレビチューナーを内蔵したモデルはあったものの大半はそうした機能は標準では装備されていない。ただしMacintosh IIをはじめ、IIx、IIcx、IIciといった時代のマシンでもテレビ番組をモニタ上に表示させその画面をコピーしたいといった願望は多かった。

1990年のリリースより

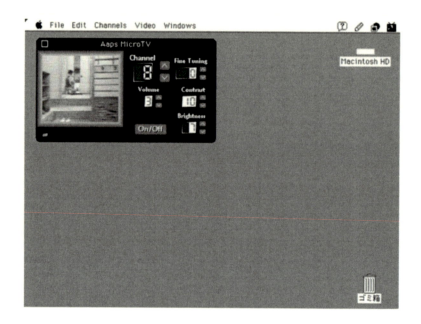

「MicroTV」はそうした願いを実現するNuBusボード仕様のカードでカード上にチューナーやスピーカーを実装していた。後はカードの背面にアンテナからのケーブルを装着するだけで利用できる。ちなみにVHFおよびUHFにも対応した製品だった。

またMicroTVは付属のソフトウェアによりスクリーン上のウインドウからテレビチャンネルの指定や音声ボリュームのコントロールができたがそのテレビ映像は128レベルのグレイスケールだったし表示ウインドウも小さなものでしかなかった。

しかしその人気は大変なものであり、米国Macworld Expoなどにおける展示会などではそのブースは常に黒山の人だかりでこれこそがマルチメディアだといわんばかりの勢いがあった（笑）。

私が所持していた製品は当時の国内代理店であった誠和システムズ社から入手したものでチューナーは国内仕様になっていた。とはいえ自身

でこのMicroTVを実用として使ったという記憶はない。

Professinal FP

発売元▶コーシングラフィックシステムズ

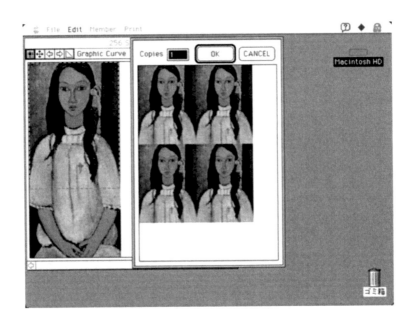

　「Professinal FP」はプリントアプリケーションである。その"FP"とはキヤノン製のカラープリンタ「FP-510SPA」用として開発されたためにその名を付けた。

　FP-510SPAはインクジェット方式のフルカラープリンタであり微妙な階調表現を可能にするためシアンとマゼンタは濃・中・淡と3通りの6色が用意され、その他イエローとブラックの計8色インクを使うという当時としては贅沢な仕様だった。

もともとこのプリンタはいわゆるビデオプリンタとして開発されたものだったが当時カラーグラフィックス利用にずば抜けた能力を持つと期待されはじめたMacintoshで使えないものかとキヤノンから私の会社に持ち込まれたのがそもそもの発端だった。

シリアル接続のためその印刷には時間がかかったが、マット調の印刷結果は抜群の美しさだったこともありユーザーの中には近年まで愛用していた人も多かったと聞く。

現在は写真クオリティのカラープリンタも珍しいものではなく、その価格も信じられないほど安価になっているが1990年当時はまだまだこの種の製品は簡単に手に入れられる製品ではなかった。だからこそ今では考えられないくらいにカラープリントに思い入れがあったし機器類を大切に使ったものだ。

だからというわけではないがProfessinal FPは「FP-510SPA」の能力を最大限に引き出すよう工夫した。微妙なカラー調整用としてガンマ曲線の設定ができること、印刷するデータをあらかじめ複数枚読み込んでおけるカタログ機能とそれらを1枚にレイアウト印刷する機能、印刷の際のトリミングや縦横に複数枚配置して印刷する機能、そしてモニタ上と印刷結果の色合いを近づけるためのカラーチャート印刷機能などなどである。

Professional FPはその後Version 2.0まで進化した。

After Dark

発売元 ▶ Berkelay Sytem Inc.

スクリーンセーバーといえば「After Dark」。After Darkといえばスクリーンセーバーというほど多くのユーザーに知られ愛された製品である。

美しい羽の生えたトースターがトースト（パン）と一緒に画面を横切るその様には大変驚かされたものである。そしていつしかフライング・

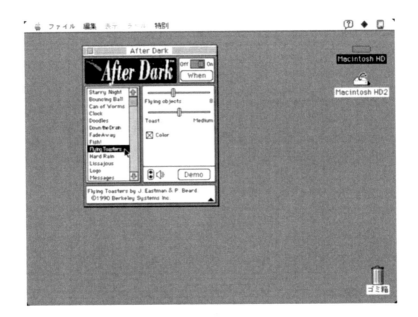

　トースターはAfter Darkを象徴するまでになった。しかしその他にもMacintoshのモニタを水族館の水槽にしてしまうようなFish!も美しい。
　After Darkが多くの支持を得たのはそのグラフィックの完成度の高さだったが、だからこそ本来画面の焼き付きを防止するためのスクリーンセーバーはAfter Darkが進化するにつれ、一時の疲れを癒すためのツールとなった感がある。
　そして大変魅力的な製品にも泣き所があった。それは最初期のAfter Darkは他のソフトウェアとコンフリクトを起こす場合が多々あったことである。このため私はプライベートマシンはともかく、仕事で使うマシンにはAfter Darkをインストールすることを断念せざるを得なかったことを記憶している。

1991年のリリースより

magic

発売元 ▶ MacroMind と Paracomp

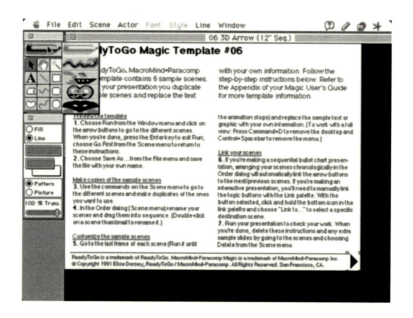

どのような商品でも長い間多くの消費者に支持され続けることは大変難しい。コンピュータやそのソフトウェアのような進歩進展が速すぎる世界の商品はなおさらでありその多くは一瞬のきら星のごとく輝くばかりでその使命が終わってしまうものもある。

「magic」というソフトウェアもその種の製品に入るのだがあらためて見てみると、これがなかなか面白い生い立ちの製品なのだ。

まず当時よく知られていたMacroMind社とParacomp社のダブルネームでリリースされたソフトウェアということ自体が類を見ない。

開発そのものはフランスの会社であるEncore Development社ということらしいが何故MacroMind・Paracomp社からのリリースなのかについては分からない。その上でソフトウェアのアバウトやインフォメーション表記をよく見るとすべて社名のDevelopmentをDeveloppmentとフランス語表記で綴ってあるのが面白い。

さてmagicのディスラベルにはMultimedia Made Easyと書いてあるが、どう説明したらよいのだろうか……ちょうどプレゼンテーションソフトとして一世を風靡したAldus社のPersuasionをよりインタラクティブにしたようなツールといったら良いのだろうか。

TrueTypeやATMフォントによる綺麗なテキストとグラフィックパターンを使い簡単にMacintoshによるプレゼン資料を作るのが目的のようだ。そして画面上にセットしたボタンをクリックすることで次のページに移ったりあらかじめリンクを貼ったページに飛んだりが可能となる。もちろんその画面は矢印やバーが飛び交うようなアニメーションがサウンドと共に展開する。

ただし実際には15種用意されたテンプレートをコピーして使うことで一般ウケするプレゼン資料作りは確かに容易でありランタイムを作成することも可能だ。

しかし冒頭に書いたように有名な企業のダブルネームを冠に置いた製品のわりには打ち上げ花火のようにすぐに人々の話題には上らなくなってしまった。

1991年のリリースより | 187

Color It!

発売元 ▶ MicroFrontier, Inc.

「Color It!」はリリース後もバージョンアップを続けていた低価格なカラーグラフィック兼レタッチソフトウェア。

本製品はスキャナなどのハードウェアにバンドルされていたケースも多いので知名度はかなり高いと思う。機能的にも基本はきちんと押さえている製品なのでデジタルカメラで撮った写真の色調整とかホームページで扱うグラフィックデータの調整など、当時家庭や個人で利用するには必要十分だった。

Color MacCheeseなどと共にこの頃から低価格なカラーグラフィックソフトが登場してきたがその機能・性能共に個人向けとしてはなかなか

の製品にも関わらず時間が進むにつれてすべてがPhotoshopの方に向いてしまった……。

さて、私の手元にあるのはリリース後すぐに購入した英語版だがTool Setと呼ばれるツールパレットたちがDefault Tools、Painting tools、Retouching ToolsそしてSelection Toolsと目的によって即切り替えられる点が小気味よく感じたものである。

またカラーパレットに対しても同様なコンセプトがあり、そしてブラック&ホワイトから256色カラーおよびグレイスケール、そして32,000色から1,677万色フルカラーに至る利用が可能な仕様となっていた。

そしてフィルタ機能やマスク機能も装備された製品であり、他の同種の製品と比較しても劣るところは無いと言ってよい作りである。

難をいえば、最初のColor It!は前記したようなインターフェイスに工夫があったものの特徴というか強烈な個性がなかったような気もする。しかしそつなく必要な機能を揃えて安価な製品というのがColor It!だったのだからあまり酷な要求はそれこそ場違いなのかも知れない。

Vbox Control XCMD

発売元 ▶ コーシングラフィックシステムズ

現在のMacintoshは申し分なく高速だし周辺機器も多義にわたって豊富で安価になっている。ソフトウェアも沢山あるし不自由はなく良い時代だ……..と思っている方々も多いだろう。

往時はハードウェアとMacintoshを接続して活用するといっても現実問題はインターフェイスが標準化されていなかったこともあり難しかった。

例えばビデオ機器をMacintoshでコントロールするといったこともその代表格と言ってよいかも知れない。

実は1991年私の会社、コーシングラフィックシステムズが開発した「Vbox Control XCMD」をリリースした年には大変狭い利用環境ながら

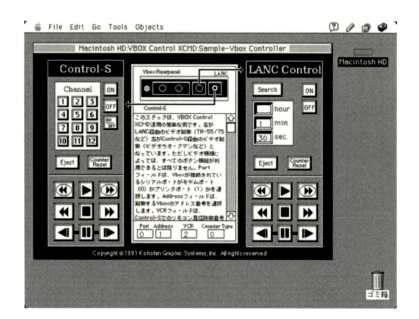

　こうしたことをユーザーがフレキシブルに組み立てることができた2つの環境が揃ってきた。

　その1つがApple社の純正アプリケーションであるHyperCardであり、2つ目がソニーがサポートしていたVISCAプロトコルだった。そしてVISCAプロトコル利用の実現をハードウェアとして提供したのがこれまたソニー製Vbox（製品型番CI-1000）というハードウェアであった。

　これらを旨く組み合わせることでユーザーはHyperCardを使い、目的のスタックを作り込み、その好みのGUI（グラフィカル・ユーザー・インターフェイス）からビデオ機器を自在にコントロールできることになる。

　やっと本題に入るが、Vbox Control XCMDというソフトウェア製品はVboxをHyperCardからコントロールするための外部コマンドである。……などと書くとメチャ難しい感じがするかも知れないが例えば……

```
VBOX 0,1,11,40
```

と記述すれば、「モデムポート、アドレス1のVboxに接続されているビデオをプレイする」ということを意味する。コマンド表とVbox Control XCMDのマニュアルを眺めながらであれば難しいことはない。

ということでVboxとHyperCard、そしてVbox Control XCMDを利用すればLANC端子もしくはControl-S端子を備えたソニーのビデオ機器をMacintoshから制御することができたのである。

Expert Color Paint

発売元 ▶ Expert Software

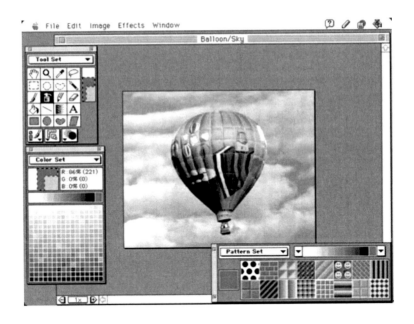

長い間多くのソフトウェアを見ていると面白いことにも気づかされる。この「Expert Color Paint」などもそうした製品のひとつである。

1991年のリリースより | 191

私は自身の趣味趣向からそしてグラフィカルなソフトウェアを開発する立場からインターフェイスや機能の研究のためにもと一般の方たちとは比較にならないほど多くのソフトウェアを手に入れ使ってきた。

　ソフトウェアはどのようなものでも自然に発生したものはなく、それらには開発の意図があり、開発者の望みが具現化したものといえよう。とはいえユーザーの立場から見ると気分を損ねるような製品に出くわすことがままあるものだ。

　中にはサンフランシスコのMacworld Expoのブースに通って購入したアプリケーションを帰国してから起動するとメニューバーの中央にアップルロゴが移動したままフリーズするというメチャクチャな製品もあったりした。

　その旨をメーカーに連絡すると「その製品のライセンスを○○社に売却したからそちらに言ってくれ」とたらい回しにされることもあったがここでいう「気分を悪くする」というのはそういう手合いのことではない。

　実はこのExpert Color Paintを起動した瞬間「?」という気分になった。「どこかで見たような……」と考えた結果気がついたことはMicroFrontier, Inc.のColor It!とほとんど同じなのだ。

　アバウト表記などの著作権表示を確認して初めて分かったことだが、どうやらこのExpert Color PaintはExpert SoftwareというパブリッシャーからリリースしたColor It!のOEM版のようだった。

　ソフトウェアの世界にもハードウェアと同じくOEMがあっても別に驚くにはあたらない。日本と違い米国ではソフトウェアの権利もそれこそ頻繁に変わることもあるし何が起こっても驚いてはならない世界なのだ。しかしビジネス事情はともかく、このExpert Color Paintはいただけない。

　なぜならColor It!が登場したその同じ時期に別の名でリリースしているだけでなく、アイコンも変わっているしツールの配置や一部のインターフェイスも違えてある。ただし基本的には別の製品といえる違いはなく、

192 ｜ 1991年のリリースより

同じ製品と考えるべきだ。

　問題なのは私のようにほとんど同じ製品をそうとは知らずに重複して購入するユーザーが多いのではないかということだ。

　したがってExpert Color Paintのパッケージやディスク面には「本製品はMicroFrontier, Inc.製Color It!のOEM版です」と大きく明記すべきではないかと憤慨した思い出がある。

Adobe Premiere

発売元▶ Adobe Systems Incorporated.

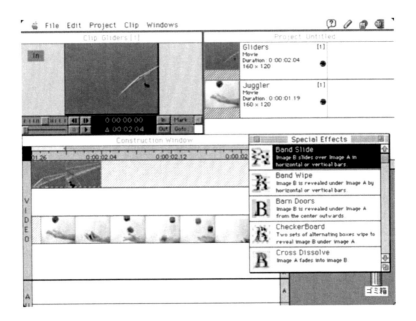

　「Adobe Premiere」はQuickTimeに準拠したデジタルムービー作成および編集ツールである。事実アプリの情報を見ると"The Digital Movie

1991年のリリースより | 193

Making Tool" と記してあるのだから明快だ。近年 Macintosh では Apple 純正の Final Cut Pro という優れた製品が登場しデジタルムービーを制作する人たちの間では話題を独占していたが、それまではコンシューマーあるいはアップルの言い方だとプロシューマーユーザーにこの Adobe Premiere は圧倒的な支持をうけていた製品だったし現在も熱烈なユーザーがいらっしゃる。

さて Adobe Premiere はそのインターフェイスも明確だ。主なウインドウは Project、Construction、Special Effects、Preview そして Clip と名付けられたウインドウで構成されている。Adobe Premiere で扱うすべてのムービーはまず Project ウインドウに登録される必要があり、それらのクリップをドラッグ&ドロップで Construction ウインドウへ渡し、タイムラインに沿って編集を行う。またこのウインドウではクリップと共にサウンドを付けて編集することができる。

クリップ間にワイプなどの特殊効果を付加するときには Special Effects ウインドウから選択することになるしその編集結果は小さな Preview ウインドウで事前に確認できる。最初にこの Special Effects ウインドウを見たときには驚いたものだ。今では珍しくもないがそのワイプなどの切り替えイメージがリアルタイムに動いており、大変わかりやすいことに感銘を受けた。

現在の Adobe Premiere は他の製品同様に大変高機能・多機能になりその操作や各機能を把握するのも大変だが、このバージョン 1.0 は大変シンプルだった。したがってデジタルムービー作成と基本的な編集といった一連の作業を学ぶには最適のツールだったと認識している。ただし当時は英語版がリリースされてから日本語版が登場するまでにはかなりのタイムラグもある時代だったから、いち早く新製品を使いたい私はどうしても米国の Macworld Expo でリリースと同時に英語版を買うはめになる。したがって日々新しい製品と新しいテクノロジーを知るために毎日が辞書を片手に格闘の日々だった……。

194 | 1991 年のリリースより

たまづさ

発売元 ▶ コーシングラフィックシステムズ

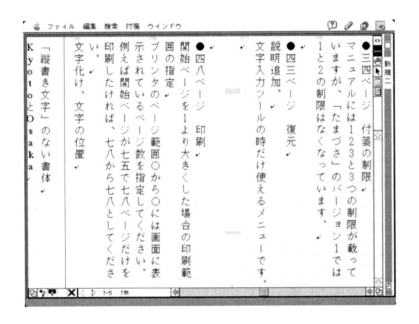

米国生まれのMacintoshは当時日本語処理に弱いとされていた。事実1984年に登場してから数年は日本語が使えなかったり、使えても他のパソコンと比較すれば確かに貧弱な時期があったが1989年には最初の日本語ポストスクリプトを採用したレーザープリンタ「Apple LaserWriterII NTX-J」が発売され綺麗な日本語出力が可能になり一気にDTPが普及したという経緯があった。とはいえNTX-Jは定価1,198,000円もしたので個人で手軽にというわけにはいかなかったのだが……（笑）。

また日本語ワープロも数種登場したがPC-9801用のアプリケーションなどと比較すればその品数や種類の豊富さにおいては確かに劣っていた

と思う。

「たまづさ」はそんな時代に私の会社、コーシングラフィックシステムズが開発した製品である。

Macintosh用の日本語ワープロにもまだ縦書きといった機能が皆無だった頃「たまづさ」は縦書き専用として、そして原稿用紙専用のワープロとしてリリースされたのだからこの種のソフトを待ち望んでいたユーザー諸氏は驚喜してくれた。小説家の水上勉さんは3箇所の仕事場に3つ「たまづさ」を購入されて仕事にお使いいただいていた熱心なユーザーであった。モニタに表示する原稿用紙の升目に縦書きに日本語が入力され、その升目ごとプリンタに印刷できる簡便さは原稿用紙とか縦書き印刷を強いられる用途には最適だった。

しかしMacintosh自体の出荷台数もまだまだ少ない時代だったから問い合わせは「Windows版かMS-DOSはありませんか？」というものばかりだったしその認知度の低さはテレビ番組のカルトクイズの難問として出題されたこともあったくらいだった（笑）。

なお「たまづさ」は1991年、アップルジャパンよりベストプロダクト賞を受賞した。

FilmMaker

発売元 ▶ PARACOMP

グラフィックやアニメーション好きにとって「映画制作会社」というべき大変魅力的な製品名を持つソフトウェアを無視することはできない（笑）。

私の手元にあった「FilmMaker」Version 2.0は1991年1月のサンフランシスコExpoでパブリッシャーとしてブースを出していたPARACOMP社から直接購入したものだ。しかしそれ以前のバージョンについての情報はまったくない。それはたぶんこの開発メーカーが米国の会社ではな

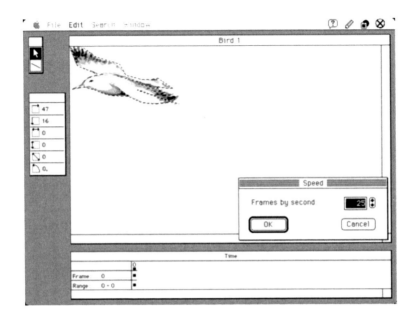

くフランスのEncore Developmentという会社が権利を持っていたことと無関係ではないかも知れない。ただしソフトウェアの情報をとってみるとL.I.V.E Softwareという名も出てくるが詳細は分からない……。

　FilmMakerは基本的にはアニメーション作成のためのソフトウェアだ。したがってオブジェクトの位置、回転、大きさ、カラー、トランスペアレントなどの基本機能を備え作成したデータはサウンドと共にフルスクリーン上で動作させることができる。

　最大の特徴は重複するがリアルタイム・デザインと呼ばれているようにひとつのオブジェクトを位置、スケール、回転、大きさなどをパス指定する形でアニメーションを作成していくことができる点だ。

　私はPARACOMP社のブースでデモンストレーションを見てそして説明を聞いた上で購入したものの、実際のソフトウェアは正直いって使いやすいものではなかった。酷な言い方をするなら「使いづらい」「分かり

にくい」「面白くない」という製品だった（笑）。

1991年のMacworld Expoでリリース以降、しばらくしてVersion 2.0.3
のディスケットが送られてきたもののソフトウェアとしてのFilmMaker
の名はその後聞こえてこなくなったのもそうした理由によるのではない
だろうか。

しかし私はその機能より映画のフィルムを収納するための金属製の缶
の形をしているパッケージとそのFilmMakerという名前に惚れてしまっ
たのかも知れない。ともあれソフトウェアはパッケージや名前がモノを
いうわけではない。やはりソフトウェアは製品の機能やそのユーザーイ
ンターフェイスの良さを評価しなければならないという、あらためて当
然なことを思い知らされた製品だった。

Painter

発売元▶ Fractal Design Corporation.

新製品が登場し、さらにそれが自分のお気に入りの分野のものである
なら大変ワクワクするだけでなく1日も早く自分で使ってみたいと思う
ものだ。

「Painter」はまさしくそうしたソフトウェアのひとつだった。それま
でいわゆるペイントソフトという類の製品は多々あったがこのPainterの
ように真に「リアルに絵を描くため」に存在したものはなかった。

一部のソフトウェアには水滲ませた効果を出すとか色が混じり合うと
いった機能を持つ製品はあったがPainterは水彩とか油絵の具、クレヨン
など、実際に我々が使ってきた道具の味をそのままデジタルで味わわせ
てくれるというのだから期待は膨らむばかりであった。

それだけに実際に手にした時の第一印象は大変複雑な思いをしたもの
だ。何しろ当時最高速のMacintoshをしてもリアルタイムに絵が描けな
いのだ（笑）。

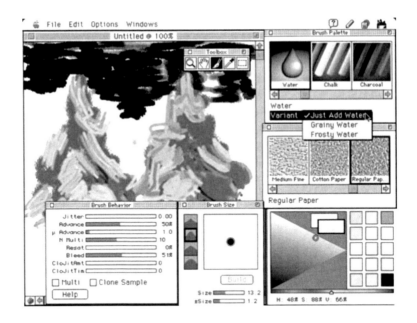

　Painterはタブレットを使い実際に絵筆を持って絵を描くような、いわゆるデジタルシミュレータである。しかし描写スピードが追いつかないために筆跡だけが点で残り、後から実際の効果が従うといった手法でしか使えないツールがほとんどだった。

　油絵は油絵らしく、水彩は水彩らしく表現が可能であるだけ実際の描写はストレスが溜まり絵を描くどころではなかったというのが正直な感想だった。

　3Dならレンダリングという時間がかかる部分があっても（その長短はともかく）生理的に受け入れることができる。しかし絵を描きたいのに筆とその結果の間に大きな時間差があってはそれは絵にならない。

　こうした違和感は私の印象ではバージョン3まで存在した。その後1995年に登場したバージョン4（日本語版）を購入した時、初めてPainterの実力を素直に喜べる環境になっていたことが思い出される。パソコンは

スピードが命だとその時つくづく思ったものである。

　それからPainterのバージョン1.0はそのパッケージが一般的な紙箱ではなく、実際のペンキ缶と同じ金属の缶であった点もユーザーの心をくすぐった。

1992年のリリースより

DiVA VIDEO Shop

発売元 ▶ DiVA

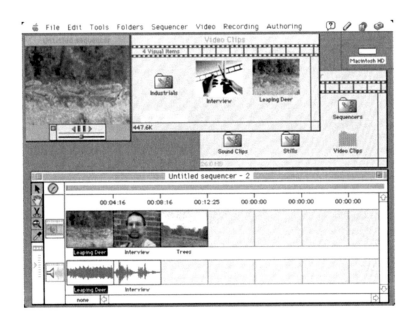

　一時はAdobe社のPremiereと市場を競ったこともある「DiVA VIDEO Shop」が登場した時代はQuickTimeの黎明期で様々な試行錯誤的製品もリリースされたがDiVA VIDEO Shopはまともなデジタルビデオ編集ソフトとしてコンシューマー市場にその名を知られていった。

現在の同類の製品と比較するのは無意味だが、QuickTime Movie を取り込みフレーム単位の編集およびサウンドトラックの編集、そしていくつかの基本的なエフェクトも可能な基本を押さえたソフトウェアであった。しかし好き嫌いといってしまえばそれまでなのだろうが HyperCard のスタックを根幹として開発したソフトウェアであり、どこかしっくりいかないというか違和感がついて回った記憶がある。なお6枚組のディスケットには HyperCard 2.1 が同梱されていた。

さて QuickTime Movie といっても当時のマシン能力の壁があり 160×120 ピクセルなどという小さなムービーを快適に動かすのがせいぜいだったがパソコンでデジタルムービーを扱えることに大きな夢を抱いたものである。

DiVA VIDEO Shop で印象深いことは 1992 年に THE IMAGE BANK CD CORECTION という CD を配布したことだ。そこには小さいムービーながら約 300 もの様々なジャンル別に整理された QuickTime Movie（Video Clip）が収録されており DiVA VIDEO Shop での活用だけでなく、いろいろなシーンで便利に使わせていただいた。

1992 年といえば Macintosh ファミリーに最初の CD-ROM ドライブが搭載された時代であり CD 幕開けの年だったのである。

KPT Grime Layer

発売元▶ HSC SOFTWARE.

「KPT Grime Layer」は Adobe Photoshop 用のプラグインフィルタとしてはその当時、Aldus Gallery Effects と共に最も知られた製品のひとつとなった。製品名が長いため、よく KPT と略して表記あるいは呼ばれることも多い。

KPT 1.0 では KPT Grime Layer など全 33 種類のフィルタが用意されていたが、それらを Photoshop のプラグインフォルダにアイコンコピー

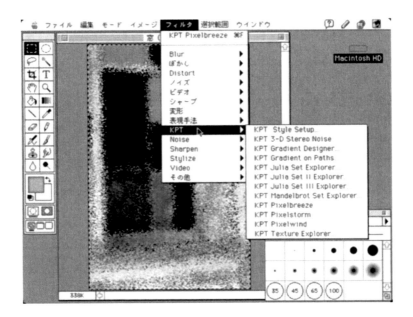

するだけで利用できた。

　もともとPhotoshopには特殊効果を施すために基本的なフィルタ類が用意されているわけだがそのプラグインの仕様などが公開されているためサードパーティがこぞってユニークで利用価値の高いフィルタ類をリリースしていた時期があった。

　それがまたPhotoshopの機能の一環と評価されますますPhotoshopは手放せないツールとなるという良い循環となった感がある。

　私もこのKPTや前記したAldus Gallery Effectsを皮切りに随分といろいろなプラグイン・フィルタ製品を集めたものだが、これらは特殊効果ゆえ、デザインワークなどにおいても毎々使うものではない。しかしその効果が絶大であり簡便そして魅力的なゆえ、新しい製品が出るとツイ手を出してしまった……。

1992年のリリースより | 203

Voyager II

発売元 ▶ Carina Software

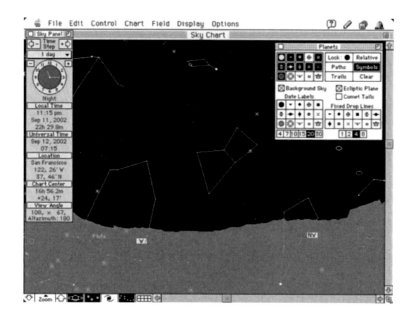

　「Voyager II」はMacintoshのモニタをプラネタリウムにしてしまう大変魅力的なソフトウェアだ。パソコンは絵も描けるし音楽もできる。そしてメールやインターネットも良いがこうしたソフトウェアこそパーソナルコンピュータなくしては実現し得ない部類のものではないだろうか。
　さてVoyager IIは1988年にリリースされたVoyagerのバージョンアップ版である。
　モノクロの時代からVoyagerを見ていた一人としては特にカラーでありたいと希望することはなかったものの実際にカラー版を見るとやはり魅力が大幅にアップする。単に綺麗というより情報量が多い分だけ星や

星座の認識率も良くなるしモノクロ9インチ画面より、カラー13インチ
画面の方が見やすく使いやすいのは間違いない。といっても各種の設定
ウインドウを表示すると肝心の画面がかなり隠れてしまうのだが……。

　私はこの手のソフトが大好きなこともあり2002年1月のサンフランシ
スコExpoではSPACE.com社最新版のStarry night Pro.を購入した記憶
がある。

　Macintoshの処理能力が格段に早くなっているいま、まるで宇宙船に乗
り例えば土星の輪の周りをすり抜けるような気分も味わえるようになっ
ている。しかしその基本が40年近くも前からできあがっていることを考
えると何か不思議なものを感じる……。

　人間の実現したいこととか希望は昔からそんなに変わっておらず、テ
クノロジーの進化は発明ではなく新たな再発見なのだという誰かの言葉
を思い出した……。

MORPH

発売元 ▶ Gryphon Software Corp.

　「MORPH」という製品は映画やテレビコマーシャルなどで多用されて
いるモーフィングと呼ばれる画像処理技術をMacintoshで実現するソフ
トウェアだ。

　モーフィングとはAというグラフィックとBというグラフィックの中
間イメージを自動的に作り出すもので人の顔によるデモンストレーショ
ンなどが印象的である。自動形成されたグラフィックはQuickTimeムー
ビーとして出力でき即確認ができるためデモ効果も抜群だった。

　最初にデモを見たとき女の子の顔がプードルの顔になめらかに変化す
る様はなかなか衝撃的だった。そして2つの画像をマウスでクリックし
輪郭などをポイントしていくだけでモーフィングを実現するというイー
ジーなインターフェイスも魅力だった。

1992年のリリースより

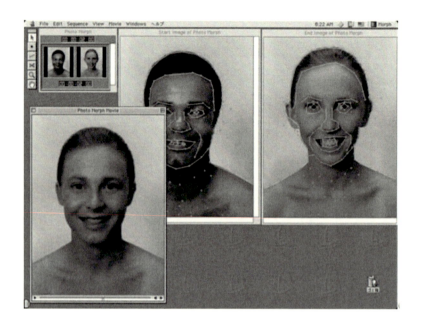

いまでは驚きもしないが、Macworld Expoなどの展示会ではその展示ブースは黒山の人だかりだったことを思い出す。私自身もかなりの長時間、Gryphon社のブースの前に立ち続けてデモを見ていたし即ソフトウェアをその場で購入したものだ。

この当時はMacintoshのカラーグラフィックスに期待が大いに高まりつつある時代であり数年の間このMORPHなどを含む様々な分野における魅力的なソフトウェアが登場することになる。

VideoFusion

発売元 ▶ VideoFusion Ltd.

「VideoFusion」はその製品に"SPECIAL EFFECTS MAGIC FOR MACINTOSH QUICKTIME MOVIE"と謳われている通り、QuickTime

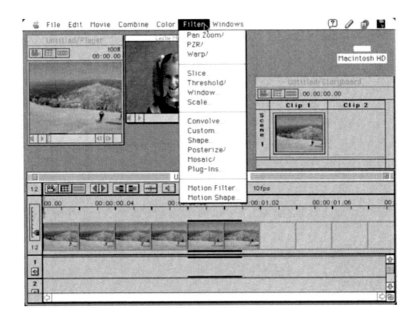

Movieを編集加工するためのツールである。

　VideoFusionはPremiereやVideoshopよりちょっと後発だったが一世を風靡したソフトウェアだった。価格はそれぞれ違うもののこのVideoFusionやPremiereはいろいろな他社製品にもバンドルされていたので知っている方も多いのではないだろうか。

　VideoFusionはノンリニアのビデオ編集ソフトによくあるようにMovieのカットを並べ、サウンドと共に基本的な編集が簡単にできた。しかし当時はマシンスピードがまだまだ貧弱であったから160×120ピクセル程度の大きさで秒間10コマ程度のMovie利用がほとんどだった。その上、現在のようにケーブル1本でビデオ機器と接続できるといった環境は皆無だったから、たぶん多くのユーザーは自身でデジタルMovieを作るというより、サンプルとして付いてきたいくつかのQuickTime Movieを再生しては喜んでいたに違いない。

1992年のリリースより | 207

VideoFusionが登場した時代はまだそんな時代だったのである。

PLAYMATION

発売元 ▶ Hash Enterprises

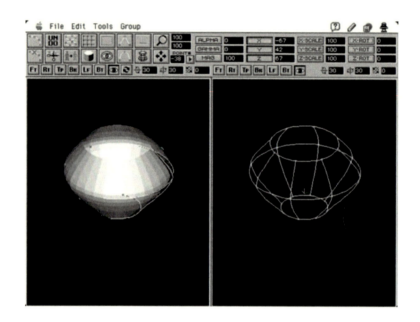

「PLAYMATION」はモデリング、アニメーションそしてレンダリングといった3Dコンピュータグラフィック・アニメーション作成のためのソフトウェアだがその登場初期から話題に上った製品である。その特徴は3Dのキャラクタ・アニメーションにあり、当時サンフランシスコにおけるMacworld Expo会場では毎年小さいながらもそのブースにおいて商業アニメーションとしても十分に使えることを熱くデモンストレーションしていた。

私の記憶ではこのPLAYMATIONは扱う会社が変わったりその後に製品名がAnimationMasterと変更されるに至るが、毎年同じ男性が製品デモをしている姿が印象的だった。確か2002年にも製品展示があったはずだ。未確認ながらその男性が開発者自身のMartin D.Hash氏なのかも知れない。

　さてそのモデリングもスプライン曲線のモデラーなのでかなり自由なモデリングが可能な理屈だが現実はそうそう簡単ではない。

　事実私もExpoでのデモを見て購入した一人だが、当然のことながら実際にデモで紹介されているような3Dアニメを作成するには多大な労力を必要とすることをあらためて思い知ることになる（笑）。

　また当時のマシン環境の貧弱さもあり、このPLAYMATIONに限らず3Dのアニメーション作りはとんでもない時間と高価なメモリの戦いとなった。ただしPLAYMATIONは元来がアニメーションを主体として開発されたこともあり、クセさえつかめばなかなか強力なツールとなったことは事実である。

IMAGE ASSISTANT

発売元▶ CAERE CORPORATION

　「IMAGE ASSISTANT」というソフトウェアもサンフランシスコExpoで見つけた魅力ある製品のひとつだった。

　Expoにおけるブースで最初に目に付いたのはデモンストレーションしている内容ではなくそのパッケージだった。そのパッケージに使われているイメージは女性がバルナック・ライカ……おそらくエルマー50 mmレンズを装着したLeicaIIIcカメラと思われる……を縦位置に構えている姿であり、ライカファンとしては無視してそのブースを通り過ぎることはできなかった（笑）。

　IMAGE ASSISTANTはそのパッケージデザインならびに製品名から

1992年のリリースより　209

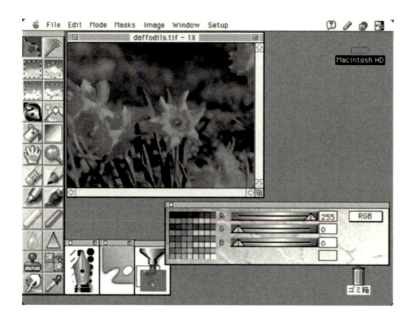

推察できるようにフォトレタッチを目的としたソフトウェアである。

　私が興味を持った機能はAdjust ToneとかAdjust Colorという機能だった。いまでこそPhotoshopにも備わっている機能だが読み込んだイメージを基本にしてトーンやカラーバランスの違ったイメージを複数並べ、目的のイメージを選択させる機能は珍しかった。

　またそのツールパレットなどは独特のデザインであり賛否が分かれるところだったがエプソンやHPそしてMicrotekなどのスキャナをサポートしたりPANTONEカラーをサポートするなどプリプレスやカラーセパレーションなどを意識したその仕様はプロフェッショナル向けを考慮に入れた製品だったといえる。

　しかしそれだけにPhotoshopと真っ正面から競合した製品となり、すぐに忘れ去られたイメージが強い。事実その後、ほとんどメディアなどにも紹介されることはなかったと記憶している。

TREE

発売元 ▶ Onyx Computing

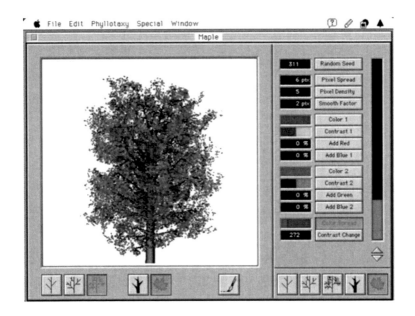

「TREE」は一時期夢中になったアプリだった。

説明するまでもないだろうが、その名の通り「木」を形成するためのソフトウェアである。ただしこのソフトウェアは単に樹木らしい絵を作り上げるのではなく樹木形成の論理に基づきプログラムされていることに注目すべきである。

そしてTREEは多種多様で異なる樹木（オーク、ポプラ、楓など）形成において季節や成長の異なる状態などによる結果をシミュレートすることができた。

また1994年にリリースされたTREE Professionalではさらに機能が豊

1992年のリリースより

富になっただけでなくデータ出力フォーマットにDXFが加わった。これにより出力されたファイルを3Dソフトに渡せばよりリアルな木々の3Dオブジェクトまでが制作でき、例えば樹木らが風にそよぐアニメーションまで表現可能となった。

1993年のリリースより

collage

発売元 ▶ Specular

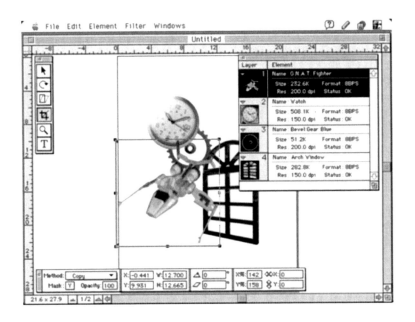

　1994年といえばその2月にバンドルソフトを豊富にしたPerforma 575（MC68LC040/33MHz）が発売されMacintoshの低価格路線真っ盛りといった様子を見せ始めた時代だった。しかし現在のようにインターネットが浸透していなかった時代のため、パソコンをそれこそ家庭に1台入れ

るためにはより多くのバンドルソフトを同梱することが一番効果のある
ことだと考えられた。しかしPerformaシリーズは結果論として国内メー
カーの値引き競争に引っ張り込まれ失敗に終わったとされている。

　当時はそんな時代だったがパソコンは確実に家庭や職場に入り込んで
いったのもまた事実だしマーケットが広がるだろうという楽観的な見込
みもありソフトウェア製品も多種多様な製品が登場し活気を見せていた
頃だ。

　「collage」もそうしたときに登場した製品で1994年1月のサンフランシ
スコにおけるMacworld Expoでもかなり話題を振りまいた製品だったが
1年も経つとその名は忘れ去られてしまった。

　コラージュとはご承知のように「貼り合わせ」といった意味で写真や
イラストなどの断片を組み合わせ、貼り合わせて独自の表現効果を求め
る手法だがこのCollageはそれをMacintoshで実現するためのソフトウェ
アだった。そしてデザインの現場ではしばしばこの手の手法を多用する
ので大変期待されたソフトウェアでもあった。

　あらかじめマスキング処理を行いPhotoshopで作成したデータをCollage
にインポートしその大きさや位置はもちろん、回転などを考えながら文
字通り自由なコラージュを試みることができるという製品だった。私も
Specular社のブースでしばしCollageのデモに見とれ、そして購入したが
何故それほどまでに忘れ去られるのが早かったのかは明白である。

　それはPhotoshop自身の機能がCollageといった外部のソフトウェアを
必要としないほど急速に充実したからである。Photoshopだけで同等な
ことが可能なら誰も別のソフトウェアを買ってはくれない。

　私の印象ではその翌年の1995年ぐらいからだろうか、米国のソフト
ウェア産業も寡占化が急速に進み始めたと考えている。

214 ｜ 1993年のリリースより

The Print Shop Deluxe

発売元 ▶ Broderbund Software, Inc.

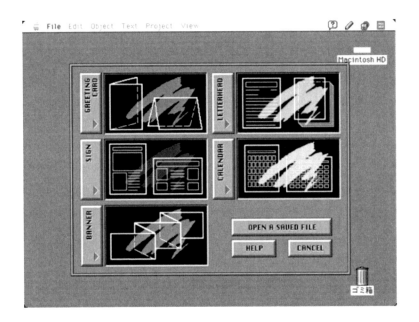

「The Print Shop Deluxe」は1986年にリリースされたThe Print Shopのカラーバージョン。

この製品はメニューに沿ってテンプレートやグラフィックスを選択し用意されているテキストフィールドにメッセージを入力するといっただけで綺麗で説得力のあるグリーティングカードやレターヘッドなどを作ることができる文字通りMacintoshを「印刷屋さん」にするアプリケーションである。

製品名にデラックスと名付けられてはいるが3次元グラフィックスとかアニメーションソフトのような極端な機能追加がなされたのではなく、

1993年のリリースより

先のモノクロ版がそのプリントアウトも ImageWriter というドットインパクト・プリンタを想定していたのに対してこのデラックス版はカラー版であり、印刷もカラープリンタに出力することを考えた作りとなっている点が違う。

違うと言えば起動後に作業を選ぶメニューウインドウが表示されるが、モノクロ版にはなかったカレンダー作りの機能が追加されている程度だ。そしてその使い方の基本もモノクロ版とほとんど変わらず、イージーに印刷物のデザインを作ってしまうことに特化したその設計は大変気持ちの良いものである。

しかしこの種のアプリではやはりモノクロとカラーの違いは大変大きいし製品の魅力も倍増しているのは確かだがどれほど実用として活用されたかと言えば少々心許ない。

ともあれ The Print Shop Deluxe は当時にあって大変優れたソフトウェア、完成度の高いソフトウェアの典型的な製品であったことは確かである。

Scenery Animator

発売元 ▶ Natural Graphics.

1993 年に Natural Graphics. からリリースされた「Scenery Animator」は景観ソフトの最初期製品のひとつで当時としては大変魅力的で完成度の高い製品だった。

景観ソフトとは空、山、渓谷、河、湖そして樹木などを含めた大自然のシーンを 3 次元グラフィックスで作り出すことができるソフトウェアである。そしてその疑似空間を静止画像として保存できるだけでなく任意の範囲を視点移動でき、その様子を QuickTime Movie にすることもできた。

景色・景観を形作るパラメータとしては Land、Sky、Water、Tree が

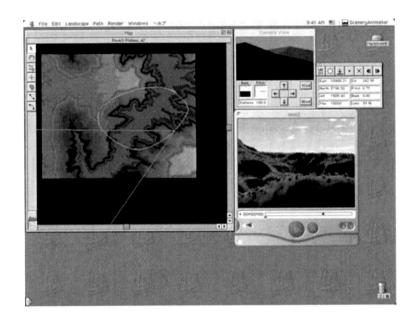

　用意されたおり、それぞれ山や渓谷を雪で覆うこともできるし、空における雲の量を決めたり、海の指定や水面を波立たせるか……などという細かな指定も可能になっている。さらに樹木の指定も針葉樹・広葉樹をどのくらい植えた状態にするかなどを簡単に設定できるため、リアルな景観を作り出すことができた。

　景色・景観を作り出すための元データはグレイスケールのPICTデータとして別途用意したものを利用することができるが製品にはランドスケープのサンプルデータとしてグランドキャニオン、ヨセミテ国立公園など5種類が揃っているので練習には十分だっただろう。

　景観のフレームはMapと呼ぶ地図を上空から眺めたウインドウとそこで指定した視野を簡単な3Dとしてリアルタイムに確認できるCamera Viewウインドウの2つを確認しながら簡単に作り出すことができ、視点移動もMapウインドウに用意されているパスを描くツールでポイントを

1993年のリリースより | 217

つないでいけばOKだ。

　Scenery Animatorは目的が明確なアプリケーションのひとつだがパソコンならではの楽しみと魅力をあらためて認識させてくれた大変素晴らしいソフトウェアだった。

1994年のリリースより

Bryce

発売元 ▶ HSC SOFTWARE CORP.

　「Bryce」はその後も進化しバージョンアップが続いたと記憶しているが3D景観作成ソフトウェアでありこのVersion 1.0が出発点となっている。
　同種の製品にはScenery AnimatorがあるがBryceは良くも悪くもその

インターフェイスに独自なものを持ち込んだ最たる製品でもあった。

さて3D景観作成ソフトとは空、水面、大地を主とする自然界のパーツを組み合わせて擬似的な自然界を作り出そうとするものだ。ただBryceが先のScenery Animatorと違う点はその独特なインターフェイスだけではない。

Bryceは自然の大地や空といったものだけでなく、そこに一般的なというか3Dオブジェクトを加える機能を持っていることである。したがって多角形や球体などが地面に埋め込んだり、空中に浮かんでいたりという摩訶不思議な空間を演出することができた。

私などは純粋に自然な風景を作り出す景観ソフトを求めていた方だからBryceはそのユーザーインターフェイスと共にこれ見よがしな部分が多く正直好きではない。しかし各種設定がビジュアルに構成されており、それらを組み合わせていくことで目的のデータを作り出すことができる点は支持するユーザーも多かった。

付録・Macintosh Historical overview

- 1984

     Macintosh 128K、同512K 発表

- 1985

     LaserWriter 発表

     スティーブ・ジョブズ退社

     Microsoft から Excel 登場

- 1986

     Macintosh Plus 発表

- 1987

     Macintosh SE、同 II を発表

     CLARIS 社設立

- 1988

     Macintosh IIx 発表

     HyperCard 登場

- 1989

     Macintosh SE/30 および同 IIcx、同 IIci 発表

- 1990

     Macintosh IIfx 発表

     System 6.0.5 発表

- 1991

     System 7.0 発表

     Macintosh Classic II、同 Quadra 700、同 Quadra 900 発表

     PowerBook 100、同 140、同 170 発表

     QuickTime 1.0 発表

- 1992
    - Macintosh LC II、同 Quadra 950 発表
    - PowerBook 145 発表
    - Performa 200、同 400、同 600 発表
    - Apple CD 300 発表
- 1993
    - Newton MessagePad 発表
- 1994
    - QuickTake 100 発表
    - Mac OS のライセンス供与発表
- 1995
    - NuBus から PCI へ移行
    - OpenDoc をリリース
- 1996
    - CEO に G. アメリオ氏就任
    - Apple にジョブズ復帰
- 1997
    - 20 周年記念モデル発表
    - Microsoft と資本提携
- 1998
    - iMac 発表 大ヒット
- 1999
    - The AppleStore 開始
- 2000
    - Mac OS 9 リリース
    - Mac OS X ベータリリース
- 2001
    - Mac OS X 登場

著者紹介

松田 純一 (まつだ じゅんいち)

戦後の東京都北区に生まれ、平凡なサラリーマンだったにもかかわらず好奇心から登場したばかりのワンボード・マイコンを手にしたのをきっかけに時代の風が強く背を押してくれ、単なるユーザーに留まらずApple Macintosh専門のソフトウェア開発を目的として (株) コーシングラフィックシステムズを起業し、アップルジャパンのトップデベロッパーとなった。そして我が国を代表とする大企業のキヤノン、ソニー、リコー、エプソン、富士フイルム等々へソフトウェアを提供すると同時に、一般ユーザー向けに「ColorMagician II」、「VideoMagician II」、「たまづさ」、「グラン・ミュゼ」、「MOMENTO」、「QTJOY」、「PowerKeeper」、「MoviePaint」、「QTアルバム」そして「CutieMascot」等など幾多のユニークでマックらしいアプリケーションを提供し多くの支持を得、1999年5月のWWDC (世界開発者会議) では我が国初のApple Design Award／Best Apple Technology Adoption (最優秀技術賞) 受賞した。また技術評論社刊「図形処理名人 花子」、技術評論社刊「マッキントッシュ実践操作入門」など著書も多く、幾多のMacintosh月刊誌のライターとして最新のグラフィック関連情報を提供してきた。

◎本書スタッフ
アートディレクター/装丁： 岡田 章志
編集： 向井 領治
ディレクター： 栗原 翔

●お断り
掲載したURLは2024年9月1日現在のものです。サイトの都合で変更されることがあります。また、電子版ではURLにハイパーリンクを設定していますが、端末やビューアー、リンク先のファイルタイプによっては表示されないことがあります。あらかじめご了承ください。
●本書の内容についてのお問い合わせ先
株式会社インプレス
インプレス NextPublishing　メール窓口
np-info@impress.co.jp
お問い合わせの際は、書名、ISBN、お名前、お電話番号、メールアドレス に加えて、「該当するページ」と「具体的なご質問内容」「お使いの動作環境」を必ずご明記ください。なお、本書の範囲を超えるご質問にはお答えできないのでご了承ください。
電話やFAXでのご質問には対応しておりません。また、封書でのお問い合わせは回答までに日数をいただく場合があります。あらかじめご了承ください。

●落丁・乱丁本はお手数ですが、インプレスカスタマーセンターまでお送りください。送料弊社負担にてお取り替えさせていただきます。但し、古書店で購入されたものについてはお取り替えできません。

■読者の窓口
インプレスカスタマーセンター
〒101-0051
東京都千代田区神田神保町一丁目105番地
info@impress.co.jp

Macintosh思い出のソフトウェア図鑑

2024年10月4日　初版発行Ver.1.0（PDF版）

著　者　松田 純一
編集人　桜井 徹
発行人　髙橋 隆志
発　行　インプレス NextPublishing
　　　　〒101-0051
　　　　東京都千代田区神田神保町一丁目105番地
　　　　https://nextpublishing.jp/
販　売　株式会社インプレス
　　　　〒101-0051　東京都千代田区神田神保町一丁目105番地

●本書は著作権法上の保護を受けています。本書の一部あるいは全部について株式会社インプレスから文書による許諾を得ずに、いかなる方法においても無断で複写、複製することは禁じられています。

©2024 Matsuda Junichi. All rights reserved.
印刷・製本　京葉流通倉庫株式会社
Printed in Japan

ISBN978-4-295-60346-7

●インプレス NextPublishingは、株式会社インプレスR&Dが開発したデジタルファースト型の出版モデルを承継し、幅広い出版企画を電子書籍＋オンデマンドによりスピーディで持続可能な形で実現しています。https://nextpublishing.jp/